WISSENSCHAFTLICHE JUGENDKUNDE
ERGEBNISSE UND DOKUMENTE
HERAUSGEGEBEN VON W. HAGEN UND H. THOMAE

Heft 10

Faktoren sportlicher Leistung bei Schulkindern

Die körperlichen, seelischen und sozialen Bedingungen von 384 Stuttgarter Schulkindern des Geburtsjahrganges 1945/46, in Beziehung zu ihrer Leistung bei den Bundesjugendspielen 1956—1959

von

Helmut Dudel

AF854272

19 65

JOHANN AMBROSIUS BARTH · MÜNCHEN

Veröffentlichung der
Wissenschaftlichen Arbeitsgemeinschaft für Jugendkunde, Bonn

Der Autor dieses Heftes

Ober-Medizinal-Rat Dr. Helmut Dudel
7 Stuttgart 13, Marquardtstr. 43

ISBN-13: 978-3-540-79690-9 e-ISBN-13: 978-3-642-86685-2
DOI: 10.1007/978-3-642-86685-2

© Johann Ambrosius Barth, München 1965
Alle Rechte vorbehalten.

Autor, Herausgeber und Verlag

widmen diese Schrift dem Senior der Sportärzte

Ministerialrat a. D. Dr. med. A. MALLWITZ

zum 85. Geburtstag

Vorwort

Vorliegende Schrift will keine Gesamtdarstellung aller faßbaren Faktoren sein, die für die sportliche Leistung von Kindern und Jugendlichen von Bedeutung sind. Sie versucht lediglich, einige Erkenntnisse der „Deutschen Längsschnittuntersuchungen", die von der Wissenschaftlichen Arbeitsgemeinschaft für Jugendkunde (Prof. Hagen und Prof. Thomae) durchgeführt wurden, für den Schularzt, Sportarzt und Sportlehrer unter Zugrundelegung der für sie wichtigen praktischen Gesichtspunkte überschaubar zu machen.

Freilich besteht bei einem solchen Vorgehen, das nicht auf das Herausheben von Teilzügen verzichten kann, die Gefahr der Vergewaltigung der lebendigen Wirklichkeit. Denn die begriffliche Scheidung stellt die gedanklich abhebbaren Glieder des Körper-, Seele- und Umweltganzen gleichwertig nebeneinander. In der lebendigen Wirklichkeit jedoch bilden sie einen gefügehaften Zusammenhang. Dem mit der Jugend und dem Sport verbundenen Arzt und Lehrer wird es aus der unmittelbaren Selbsterfahrung leicht möglich sein, zu einer Zusammenschau zu gelangen, die die lebendigen Ordnungszusammenhänge wieder herstellt.

Herrn Privatdozenten Dr. Josef Dudel, Heidelberg, meinem Neffen, danke ich für die statistische Prüfung des Materials.

Stuttgart, Mai 1965

Helmut Dudel

INHALTSVERZEICHNIS

I. Einleitung

A) Allgemeines

Eine Auswertung der bei den Bundesjugendspielen erzielten Leistungen in Verbindung mit den auf Wettkampfkarten gemachten Angaben über Größe, Gewicht, Wohnortstruktur und Schulart wurde 1952 zuerst von Bach (B 2) bei ca. 150000 bayerischen Jugendlichen durchgeführt. Bach kam es vor allem darauf an, eine gerechte Wertung der sportlichen Leistungen Jugendlicher zu finden, die sowohl sportlichen, wie auch biologischen Ansprüchen genügt. Er ermittelte für das 10. bis 19. Lebensjahr die Durchschnittsleistungen im Lauf, im Weit- und Hochsprung, im Wurf und Stoß, zeigte die Unterschiede zwischen den Durchschnittsleistungen von Buben und Mädchen auf und errechnete die Altersstufendifferenzen für die verschiedenen Leistungen.
Mansfeld, der Leiter der Untersuchungsstelle Stuttgart der Wissenschaftlichen Arbeitsgemeinschaft für Jugendkunde, sah in den Bundesjugendspielen eine mögliche Ergänzung und Erweiterung des Untersuchungsprogramms der Arbeitsgemeinschaft. Ihm erschienen die physiologischen Daten der Arbeitsgemeinschaft im funktionellen Bereich, wie z. B. die Kreislauf- und Spirometerwerte, zu spärlich; für umfangreichere Untersuchungen, wie z. B. Gasstoffwechselbestimmungen und Bestimmungen der Arbeitsökonomie mit Hilfe von Ergometern standen der Arbeitsgemeinschaft keine Mittel zur Verfügung. Die angesprochenen Sportlehrer der von der Arbeitsgemeinschaft untersuchten Kinder zeigten für diese Intentionen überraschend viel Verständnis und teilten der Arbeitsgemeinschaft die Ergebnisse der Bundesjugendspiele alljährlich nahezu lückenlos mit.
Ich habe mich der Aufgabe unterzogen, das große Material von jährlichen Aufzeichnungen über die Person und das Milieu von 384 Stuttgarter Schülern, welches in 8jähriger Arbeit vom Arzt, Psychologen und Fürsorger zusammengetragen wurde, mit den zugehörigen jährlichen Leistungen bei den Bundesjugendspielen zu vergleichen. Der Nachteil der relativ kleinen Zahl von Untersuchten kann durchaus wettgemacht werden durch die besondere Aussagekraft der feindifferenzierten Querschnitt- und Längsschnittuntersuchungen.

Es ist unbestritten, daß die ärztliche Arbeit im Jugendsport einer tieferen und breiteren Fundierung bedarf. Sie soll sich, wie vor allem Grimm (G 7) betont, keinesfalls allein an den Vertretern der Bestleistung orientieren, sondern muß an großen Serien den Durchschnitt untersuchen; auch das leistungsschwache Kind, für das womöglich um Befreiung von den Körperübungen nachgesucht wird, muß einbezogen werden. Die meisten Fragen des Körpererziehers an den Sportarzt sind allerdings, wie immer betont werden muß, mit einer Querschnittmethode überhaupt nicht zu lösen, sondern können nur nach vieljähriger Beobachtung der individuellen Entwicklung (Längsschnittmethode) beantwortet werden.

B) Statistik

Nach Daeves (D 1) genügen in der reinen Wahrscheinlichkeitsrechnung bei der Prüfung einer Alternativfrage gegen die Annahme einer Grundwahrscheinlichkeit von 50% die Anzahl von 250 Fällen, um Abweichungen von weniger als ± 10% mit statistischer Sicherheit zu erkennen. Die Sicherung gegen Abweichungen von geringerer oder höherer Grundwahrscheinlichkeit bedarf einer zunehmend geringeren Anzahl von beobachteten Ereignissen. *Es ist offensichtlich, daß bei der Großzahlforschung die genügend sichere Belegung der Verteilungsform durch eine hinreichend große Klasseneinteilung vor dem beziehungslosen Gesetz der großen Zahl steht.*

Bei der statistischen Auswertung des Materials konnte es sich nicht um eine Korrelationsrechnung handeln. Diese prüft, ob zwischen zwei Variablen, die jeweils an den einzelnen Individuen einer Gruppe festgestellt werden, eine Korrelation besteht. So könnte man z. B. ausrechnen, ob zwischen der Körpergröße und den Laufleistungen aller 354 Schüler ein Zusammenhang besteht. In vorliegendem Zahlenmaterial sind jedoch Werte immer nur zusammengegefaßt für jede Leistungsgruppe angegeben. *Die hier interessierenden statistischen Verfahren sollen die Frage beantworten, ob zwischen den Werten der Leistungsgruppen echte, nicht durch Zufallsschwankungen verursachte Unterschiede bestehen.*

Die statistische Prüfung ist verschieden, je nachdem es sich um *Mittelwerte* (z. B. Körpergewichte) oder *Häufigkeiten* (z. B. Erkrankungen) handelt.

Zur Berechnung der Signifikanz des Unterschiedes zweier Mittelwerte war die mittlere Abweichung s (Standard-Abweichung) festzustellen. Es ist

$$s^2 = \frac{1}{n-1}\left(\sum_{i=1}^{n}(x_i - \bar{x})^2\right),$$

wobei n die Zahl der Meßwerte (hier immer 118), x der Meßwert und $\bar{x}$ der Mittelwert ist. s^2 entspricht also der Summe der Quadrate der Abweichungen der Meßwerte vom Mittelwert, dividiert durch $n - 1$.

Bei Verwendung von Rechenmaschinen ist es einfacher, eine gleichwertige andere Formel zu benutzen:

$$s^2 = \left[\sum x_i^2 - \frac{1}{n}\left(\sum x_i\right)^2\right] : (n-1)$$

Man rechnet dann nämlich neben der Summe der Meßwerte gleich auch die Summe der Quadrate der Meßwerte aus. Sind nun zwei Mittelwerte $\bar{x}_1$ und $\bar{x}_2$ mit ihren Standardabweichungen s_1 und s_2 bekannt, so wird durch Bestimmung von t auf signifikante Verschiedenheit der Mittelwerte geprüft:

$$t = (\bar{x}_1 - \bar{x}_2) : \sqrt{(s_1^2 + s_2^2) : n} \qquad (\text{für } n = 118)$$

t ist die Maßzahl der Signifikanz bei einer Student-Verteilung. *Eine Signifikanz von 99,9 % wird als sehr gut, eine von 99 % (2 P = 0,01, $t > 2{,}6$) als gut und eine von 95 % als ausreichend angesehen.* Bei t 1,97 (2P = 0,05) ist der Unterschied der Mittelwerte nicht signifikant, er wird nur als „auffällig" bezeichnet.

In den nachfolgenden Tabellen, die Mittelwerte geben, sind die Standardabweichungen mit aufgenommen. *Ausreichend signifikante Mittelwerte sind durch * (Stern), gute Signifikanzen durch ** (zwei Sterne), sehr gute Signifikanzen durch *** (drei Sterne) gekennzeichnet.*

In den Tabellen mit Häufigkeitsangaben wurden die graphische Methode (Koller: Graphische Tafeln zur Beurteilung statistischer Zahlen, Tafel 5 für $n = 118$) und die rechnerische Methode angewandt. Die graphische Methode ist nur für den Signifikanzgrad von 99 % veröffentlicht, so daß für die ausreichende Signifikanz von 95 % die rechnerische Methode herangezogen werden muß. Zur rechnerischen Prüfung der Signifikanz wird der von Koller angegebene „Vierfeldertest" benutzt. Wenn n_1 und n_2 die Häufigkeiten der Merkmale in den Gruppen 1 und 2 (je $n = 118$) groß sind, so ist

$$x^2 = \frac{2n \cdot (|n_1 - n_2| - 1)^2}{(n_1 + n_2) \cdot [2n - (n_1 + n_2)]} = \frac{2n \cdot (b-1)^2}{a \cdot (2n - a)}$$

wobei

$$a = n_1 + n_2, \quad b = n_1 - n_2 \quad \text{ist.}$$

C) Sportliche Leistungen im späten Kindesalter und frühen Jugendalter

1. Leistungsbegriffe

Der Begriff der Leistung entstammt der Physik. Man versteht darunter die Arbeit pro Zeiteinheit, welche normalerweise in mkg/sek gemessen wird. Im Vordergrund unseres Interesses steht der physiologische Leistungsbegriff. Hier handelt es sich nicht wie bei der physikalischen Definition um reine Arbeit in der Zeiteinheit, sondern um ein harmonisches Zusammenwirken seelischer, geistiger und körperlicher Kräfte, die sich in körperlicher Geschicklichkeit, Zielsicherheit, Kraft und Ausdauer äußern. Wenn es auch gelingt, körperliche Kräfte ziemlich genau zu bestimmen, so ist die Leistung, soweit sie durch seelische Faktoren gesteuert wird, jedoch nur mit einer gewissen Annäherung festzustellen (H 10).

Lehmann (L1) nennt an Vorbedingungen für eine Leistung Leistungsfähigkeit, Leistungswille, Leistungsdisposition, Leistungsreserve, Leistungsbereitschaft. Jeder Arbeitende setzt unter gegebenen Leistungsvoraussetzungen nur einen Teil seiner *Leistungsfähigkeit*, also des Maximums an Leistung, das er herzugeben vermag, ein. Die *Leistungsbereitschaft* als zweitwichtigste Vorbedingung hängt von der körperlichen Momentandisposition, von Willensfunktionen und der Leistungsreserve ab. Hellbrügge (H 9) mißt bei der Beurteilung der Leistung im Kindes- und Jugendalter nicht so sehr der maximalen Leistungsfähigkeit, sondern der vom Leistungswillen getragenen mehr oder minder realisierten Leistungsbereitschaft die größte Bedeutung bei.

Rudolph (in G10) geht in der Lehre von der Muskeltätigkeit davon aus, daß der Körper eine Muskelmaschine ist, bei der dieselben Kriterien angewandt werden können wie bei der Beurteilung einer thermodynamischen Kraftmaschine. Die maßgebenden Werte sind für die Beurteilung die *Leistung* (in Watt, PS oder mkg/sec) und der *Wirkungsgrad*. „Da zwischen Durchschnittsleistung und Spitzenleistung beim Menschen im Gegensatz zur Maschine ein beträchtlicher Unterschied besteht, muß die Angabe einer erreichbaren Leistungshöhe stets die Dauer der Leistung mit berücksichtigen. Der Wirkungsgrad, der beim Muskel speziell interessiert, ist das Verhältnis der in nutzbare Arbeit verwandelten Energie zur aufgewendeten Energie. Während er bei der Maschine nur in sehr engen Grenzen schwankt, finden sich beim Menschen Zahlen, die zwischen wenig über Null und einem Bestwert von etwas über 30% liegen." Der Wirkungsgrad wird verschlechtert durch Kraftentwicklung im Muskel ohne Verkürzung (Haltefunktion), durch zu große oder zu kleine Arbeitsgeschwindigkeit, ungenügende Belastung, einsinnig oder horizontal gerichtete Bewegungen. Eine wesentliche Verbesserung des Wirkungsgrades erfolgt durch das Training.

Rudolph (in G10) versteht unter Leistungsfähigkeit (fitness) die Fähigkeit, die inneren Gleichgewichte während anstrengender Arbeit den Ruhebedingungen so nahe wie möglich zu halten und das gestörte Gleichgewicht sofort nach Beendigung der Übung wieder herzustellen.

Prokop (in G10) faßt die körperliche und seelische Leistungsbereitschaft unter dem Begriff der *Kondition* zusammen.

Ihre Elemente sind Ernährungszustand, allgemeiner Trainingszustand von Herz, Lunge, Muskulatur, Ermüdungsbereitschaft und Erholungsfähigkeit, endokriner Funktionszustand und das psychisch-nervöse Gleichgewicht.

Prokop hält wegen der komplexen Beschaffenheit des Begriffes Kondition die positive Beurteilung des Konditionszustandes für sehr schwierig. Hingegen gibt es zahlreiche typische Symptome der Konditionsverschlechterung, wie z. B. Gewichtsverlust, Nachlassen der Rohkraft, leichte Ermüdbarkeit, psychische Labilität, Nachlassen der Reaktionsfähigkeit, Verschlechterung der Kreislauffunktion.

2. Leistungsformen, durchschnittliche Leistungshöhe, Leistungsgruppen

Hellbrügge (H6) weist besonders auf die Tatsache hin, daß es nicht ganz einfach ist, die notwendigen Arbeitsformen vor allem für definierte Belastungen bei Kindern und Jugendlichen zu wählen und empfiehlt, Aussagen über die körperliche Leistungsfähigkeit im Kindes- und Jugendalter nur aus Arbeitsversuchen abzuleiten. Als solchen *Arbeitsversuch* möchte ich die Bundesjugendspiele ansehen.

Von den wenigsten 8 Jahre lang durch das Stuttgarter Team der Wissenschaftlichen Arbeitsgemeinschaft für Jugendkunde in jährlichen Abständen untersuchten 384 Stuttgarter Kindern nahmen 354 an den Bundesjugendspielen teil, davon 190 Mädchen und 164 Buben. Aus verschiedenen Grünen beteiligten sich 30 Untersuchte niemals an den Spielen, davon 7 Buben und 23 Mädchen.

Die Frage, ob bei den 30 Nichtbeteiligten besonders ungünstige somatische, psychologische und soziologische Befunde vorliegen, wird am Ende dieser Arbeit geklärt werden.

Schönholzer (in G10) unterscheidet 3 Typen der Leistungseinwirkung (Arbeitstypen). Der Typ 1 ist gekennzeichnet durch *maximale Kraftentfaltung in Sekunden* (Schnellkraftübungen). Der Wirkungsgrad der Muskulatur, die zeitweise unter anaeroben Bedingungen arbeiten muß, ist um ein Drittel kleiner als bei aerober Arbeit. Die bei der Kurzstrecke, dem Springen und Werfen geleisteten Arbeiten werden im Bereich der Sauerstoffschuld durchgeführt. Diese Arbeiten bedeuten keine Grenzbelastung des Kreislauf- Atmungssystems. Der

Hauptreiz trifft das die Leistung begrenzende Organ, die Muskulatur. Das Alarmzeichen bei Überbelastung ist der Muskelschmerz. Das Gefahrenmoment besteht in der Schädigung des Bewegungsapparates. Die Arbeitstypen 2 und 3 sind durch *submaximale bis kleine Kraftentfaltung für Minuten bis Stunden* gekennzeichnet. Das begrenzende System ist bei diesen Typen der Herz-Kreislauf und der Stoffwechsel.

Frey (F7) ist mit fast allen Sportärzten einig, wenn er die Leichtathletik mit ihren Disziplinen *Laufen, Springen* und *Werfen* unter Zuhilfenahme eines Minimums an technischen Hilfsmitteln als *„natürliche Bewegung"* bezeichnet. Auch der Primitive läuft, springt und wirft bei der Verrichtung seiner täglichen Arbeit. Wegen ihrer Natürlichkeit werden die leichtathletischen Übungen in den meisten Sportarten als Grundschulung und Ergänzungssport betrieben.

Mit Hilfe einer für jeden Jahrgang vorliegenden Punkttabelle wurden die Einzelleistungen in den obigen Disziplinen bewertet.

Diese *Gesamtpunktzahl* wurde bei den jährlichen Bundesjugendspielen ermittelt. Sie ergab als viel diskutierte und durch Massenuntersuchungen sorgfältig an das allgemeine Leistungsniveau der Geschlechter angepaßte Größe auch bei den vorliegenden Untersuchungen den *Gradmesser der Leistung für die männlichen und weiblichen Jugendlichen.* Es erschien mir wegen der zentralen Bedeutung der Punktwertung nicht zulässig, die einzelnen Leistungsgruppen so zusammenzustellen, daß 50% der Gruppenangehörigen männlichen, 50% weiblichen Geschlechts waren. Eine solche etwas künstliche Einteilung ließ sich auch wegen des verschieden großen Anteils der Buben und Mädchen am Gesamtkollektiv nicht durchführen (164♂, 190♀).

Bei Untersuchten mit Leistungsschwankungen, die nur in einzelnen Fällen den Punktzahlbereich der Gruppe über- oder unterschritten, wurde die Gruppenzugehörigkeit stets nach dem Jahr der besseren Leistungen bestimmt.

Die Leistungen der wenigen Schüler, die nur ein Mal während der 4 Beobachtungsjahre an den Bundesjugendspielen teilnahmen, wurden nur berücksichtigt, wenn sie im Jahre 58 oder 59 erbracht wurden.

Um statistisch einwandfrei vergleichbare Kollektive zu erhalten, wurden die 354 Teilnehmer an den Bundesjugendspielen in drei Leistungsgruppen zu je 118 Untersuchten eingeteilt, deren Abgrenzung sich folgendermaßen ergab:

Ein Schüler wurde zur *guten sportlichen Leistungsgruppe* gezählt, wenn er in den 3 Übungsarten insgesamt 40,8 Punkte erreichte, zur *mittleren Leistungsgruppe*, wenn er *33,3 bis 40,7* Punkte erreichte, zur *schlechten Leistungsgruppe*, wenn er *weniger als 33,3 Punkte* erreichte. *Für die Zuordnung zu einer sportlichen Leistungsgruppe war die Gesamtpunktzahl in den drei Übungsarten entscheidend.*

Zur guten sportlichen Leistungsgruppe gehörten 46 Buben und 72 Mädchen. *Es ist auffallend, daß 41,3 % der an den Spielen beteiligten Mädchen und nur 25,5 % der an den Spielen beteiligten Buben zur guten sportlichen Leistungsgruppe gehörten.*

Für die gute sportliche Leistungsgruppe qualifizierte z. B. einen 14jährigen Buben ein 75-m-Lauf in mindestens 11,7 Sek., ein Weitsprung von mindestens 3,85 m und ein Schlagballweitwurf von mindestens 49 m. Ein Mädchen mußte die 75 m in mindestens 12,3 Sek. laufen, wenigstens 3,35 m weit springen und den Schlagball 30 m weit werfen.

Zur mittleren sportlichen Leistungsgruppe gehörten 67 Buben und 51 Mädchen, das waren 37,2 % der beteiligten Buben und 29,3 % der beteiligten Mädchen.

Für die mittlere sportliche Leistungsgruppe qualifizierte einen 14jährigen Buben ein 75-m-Lauf in 11,8 bis 12,1 Sek., ein Weitsprung von 3,65 m bis 3,85 m und ein Schlagballweitwurf von 45 bis 48 m. Ein Mädchen mußte die 75 m in 12,4 bis 12,6 Sek. laufen, 3,15 m bis 3,30 m weit springen und den Schlagball 26 bis 29,5 m weit werfen.

Zur schlechten sportlichen Leistungsgruppe gehörten 67 Buben und 51 Mädchen, das waren 37,2 % der beteiligten Buben und 29,3 % der beteiligten Mädchen.

Der schlechten sportlichen Leistungsgruppe gehörten die 14jährigen Buben an, die die 75 m in 12,2 Sek. und mehr liefen, unter 3,60 m weit sprangen, und unter 45 m weit warfen. Ebenso rangierten die Mädchen in dieser Gruppe, die für die 75 m mehr als 12,6 Sek. benötigten, unter 3,15 m weit sprangen und unter 26 m weit warfen.

Es erschien interessant, nachzuprüfen, welche der drei Übungsarten den 10–14jährigen besonders lag. *Im Laufen boten 41,24%* (= 146 Schüler) *gute Leistungen* (über 13,6 Punkte), davon waren 68 Buben und 79 Mädchen. *Im Springen boten 44,35 %* der Beteiligten (157 Schüler) *gute Leistungen,* davon waren 70 Buben und 87 Mädchen. *Im Werfen* konnten *nur 26,29 %* der Beteiligten (83 Schüler) *gute Leistungen* erringen, davon waren 28 Buben und 55 Mädchen. Mittlere Leistungen in den einzelnen Übungsarten (11,1 – 13,5 Punkte) vollbrachten im Laufen 25,98 % der Beteiligten (gleich 92 Schüler), davon waren 52 Buben und 40 Mädchen; im Springen 26,83 % der Beteiligten, das waren 95 Schüler, davon 55 Buben und 40 Mädchen; im Werfen 23,82 % der Beteiligten, das waren 84 Schüler, davon 44 Buben und 40 Mädchen.

Schlechte Leistungen in den einzelnen Übungsarten (unter 11 Punkte) erzielten im Laufen 32,48 % der Beteiligten = 116 Schüler, davon 60 Buben und

56 Mädchen, im Springen 28,81% der Beteiligten = 102 Schüler, davon 55 Buben und 47 Mädchen, im Werfen 52,82% der Beteiligten = 187 Schüler, davon 108 Buben und 79 Mädchen.

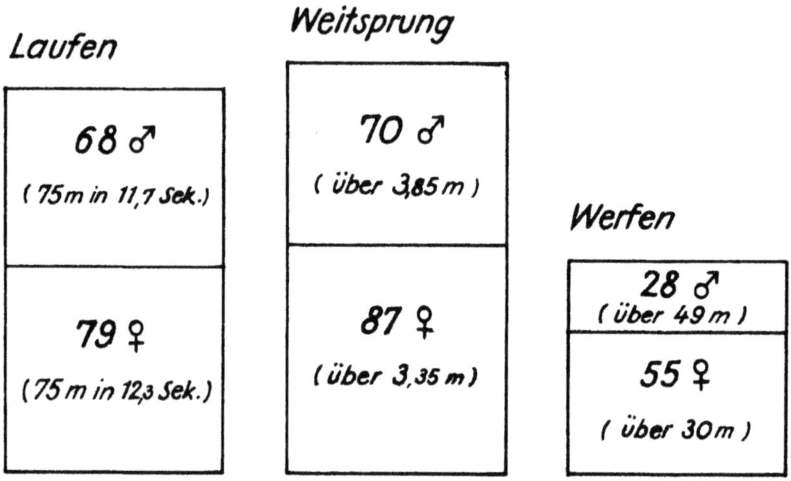

Abb 1. Anzahl der männlichen und weiblichen Jugendlichen im guten Leistungsbereich der 3 Übungen

Den Anforderungen im Weitsprung konnten danach die Untersuchten am leichtesten, denen im Werfen am schwersten entsprechen.

Über die Hälfte aller Beteiligten konnte im Werfen nur schlechte Leistungen erzielen.

Die mittlere Gesamtpunktzahl für die 3 Übungsarten betrug in der *guten sportlichen Leistungsgruppe*

im Jahre 1956
bei den Buben 44,9 Punkte
bei den Mädchen 43,9 Punkte

Im Jahre 1958
bei den Buben 45,3 Punkte
bei den Mädchen 46,9 Punkte

Im Jahre 1957
bei den Buben 46,1 Punkte
bei den Mädchen 46,3 Punkte

Im Jahre 1959
bei den Buben 48,5 Punkte
bei den Mädchen 47,7 Punkte

Die mittlere Gesamtpunktzahl für die 3 Übungsarten betrug in der *mittleren sportlichen Leistungsgruppe*

im Jahre 1956
bei den Buben 35,1 Punkte
bei den Mädchen 36,8 Punkte

Im Jahre 1957
bei den Buben 37,6 Punkte
bei den Mädchen 35,3 Punkte

Im Jahre 1958	Im Jahre 1959
bei den Buben 36,8 Punkte	bei den Buben 37,1 Punkte
bei den Mädchen 36,3 Punkte	bei den Mädchen 38,7 Punkte

Die mittlere Gesamtpunktzahl für die 3 Übungsarten betrug in der *schlechten sportlichen Leistungsgruppe*

Im Jahre 1956	Im Jahre 1958
bei den Buben 27,7 Punkte	bei den Buben 26,5 Punkte
bei den Mädchen 30,2 Punkte	bei den Mädchen 28,1 Punkte
Im Jahre 1957	Im Jahre 1959
bei den Buben 25,6 Punkte	bei den Buben 26,3 Punkte
bei den Mädchen 27,5 Punkte	bei den Mädchen 26,9 Punkte

Die *mittlere Punktzahl in den einzelnen Übungsarten* betrug

im Laufen für Buben	12,25 Punkte,	für Mädchen 12,58 Punkte
im Springen für Buben	12,70 Punkte,	für Mädchen 13,53 Punkte
im Werfen für Buben	10,51 Punkte,	für Mädchen 12,32 Punkte

Die der mittleren Punktzahl entsprechende Leistung in den einzelnen Übungsarten betrug im

75 m-Lauf	für	14jähr.	Buben 12 Sek.,	für	14jähr.	Mädchen	12,5 Sek.
Weitsprung	„	„	„ 3,75 m,	„	„	„	3,25 m
Schlagballweitwurf	„	„	„ 43 m,	„	„	„	25 m

Bach ermittelte 1952 bei 14jährigen Großstadtoberschülern eine Durchschnittsleistung von 12,07 Sek. im 75-m-Lauf, bei 14jährigen Großstadtvolksschülern eine Durchschnittsleistung von 12,11 Sek. im 75-m-Lauf. Von den von ihm untersuchten 14jährigen Großstadtoberschülerinnen Bayerns wurde eine Durchschnittsleistung von 12,5 Sek. im 75 m-Lauf erzielt, von den Volksschülerinnen eine Durchschnittsleistung von 12.6 Sek.

Im Weitsprung erhielt Bach bei den 14jährigen

Großstadtoberschülern einen Durchschnitt von	3,65 m,
Großstadtvolksschülern einen Durchschnitt von	3,59 m,
Großstadtoberschülerinnen einen Durchschnitt von	3,25 m,
Großstadtvolksschülerinnen einen Durchschnitt von	3,15 m,

Im Schlagballweitwurf sind die Werte von Bach bei den 14jährigen

Großstadtoberschülern im Durchschnitt	43,9 m,
Großstadtvolksschülern im Durchschnitt	45,3 m,
Großstadtoberschülerinnen im Durchschnitt	25,6 m,
Großstadtvolksschülerinnen im Durchschnitt	24,0 m.

Die bayerischen Durchschnittsleistungen liegen danach im Laufen der Buben, Springen der Buben und Mädchen 10% unter den Durchschnittswerten der Stuttgarter Gruppe, im Laufen und Werfen der Mädchen liegen sie in Höhe der Stuttgarter Leistungen, nur im Werfen übertreffen sie die Stuttgarter Leistungen um 13,5%.

Wenn man noch die Wettkampfkarte der Bundesjugendspiele zum Vergleich heranzieht, so weicht die Punktzahl der Stuttgarter Gruppe erheblich von den Durchschnittszahlen nur in zwei Sparten ab: im Schlagballweitwurf der Buben liegt sie 2 Punkte unter der Norm, im Weitsprung der Mädchen liegt sie 1 Punkt über der Norm.

3. Leistungsentwicklung, geschlechtsbedingte Leistungsunterschiede

Bei beiden Geschlechtern findet sich nach Bach (B 3) eine *Leistungszunahme* (gemessen im Lauf, Sprung und Wurf) *in der Pubertät.* Während aber bei den Buben die Leistungssteigerung bis zum 19. Lebensjahr anhält, hört sie beim Durchschnitt der Mädchen mit dem 16. Lebensjahr auf. Es tritt also im 16. Lebensjahr der Frau ein Leistungsknick auf.

Rudolph (in G 10) findet, daß die Muskelkraft der Frauen um ein Drittel geringer ist als die der Männer. Die geringere Maximalkraft der Frauen kommt auch in den sportlichen Leistungen zum Ausdruck, der Unterschied ist aber weniger groß als das arbeitsphysiologische Ergebnis.

Die Abhängigkeit der Muskelkraft von Alter und Geschlecht ist von Hettinger (H 8) herausgestellt worden. Die Kurven der Muskelkraft des männlichen und weiblichen Geschlechts decken sich praktisch bis zur Reifeentwicklung. Die Muskelkraftkurve der Männer strebt dann weiterhin steil einem Gipfel zwischen dem 25. und 30. Lebensjahr zu, während die weibliche Kurve bedeutend flacher verläuft. *Hettinger* findet aufgrund des Spiegels der von *Zimmermann* in den verschiedenen Altersstufen nachgewiesenen Abbauprodukte der von beiden Geschlechtern produzierten männlichen Prägstoffe im Urin einen weitgehenden Parallelismus zwischen der Höhe der Androgenproduktion und der muskulären Leistung. Die Androgene führen zu einer echten Zunahme der kontraktilen Proteine, da sie zur Glykogenanlagerung und zum Eiweißaufbau beitragen. Mit dem Absinken des Androgenspiegels im weiblichen Urin im 16. Lebensjahr geht ein Leistungsstillstand einher. Bach (B 1) stellt fest, daß schon im 11. Lebensjahr Leistungsunterschiede zwischen Buben und Mädchen bestehen. Der Leistungsunterschied beträgt im Lauf nahezu eine halbe Sekunde, im Weitsprung 37 cm und im Schlagballweitwurf 15,70 m. Mit fortschreitendem Alter nimmt dieser Unterschied in allen Übungsarten zu.

Tabelle 1. Differenzen der Durchschnittsleistungen der Buben und Mädchen (Bach)

Alter	Lauf (75 m)	Weitsprung	Schlagballweitwurf
11	0,15 Sek.	0,37 m	15,76 m
12	0,33 „	0,38 „	17,34 „
13	0,41 „	0,34 „	17,92 „
14	0,62 „	0,45 „	18,58 „

Bei der Untersuchung der Leistungszunahme von Altersstufe zu Altersstufe fand Bach (B 1) bei den Mädchen die größte Zunahme vom 13.–14. Lebensjahr, bei den Buben vom 14. zum 15. Lebensjahr.

Tabelle 2. Leistungen der Mädchen in % der Leistungen der Knaben

Alter	Lauf (75m)	Weitsprung	Schlagballweitwurf
11	98,9 %	88,3 %	55,7 %
12	97,5 %	86,2 %	55,9 %
13	96,8 %	86,3 %	58,4 %
14	95,1 %	88,7 %	60,9 %
15	93,9 %	86,0 %	57,6 %

Jokel (J 3) stellt fest, daß vor der Pubertät mindestens ein Drittel, oft fast die Hälfte der Mädchen wenigstens einem Drittel der Jungengruppe überlegen ist. Er liefert zahlenmäßig gesicherte Angaben über die jedem Lehrer bekannte Tatsache, daß körperlich tüchtige Mädchen körperlich schwache Buben im Sport überragen. Die Pubertät übt nach seinen Beobachtungen einen grundsätzlich verschiedenen Einfluß auf das Leistungswachstum aus. Bei Buben ergibt sich eine zusätzliche Beschleunigung, bei Mädchen eine ausgesprochene Verlangsamung oder sogar ein Leistungsabfall.

Auch Åstrand bemerkt, daß die funktionellen Größen, die in Beziehung zur körperlichen Leistungsfähigkeit stehen, etwa vom 15. Lebensjahr an nicht mehr wesentlich ansteigen und mit dem 16. Lebensjahr praktisch zum Stillstand kommen.

4. Häufigkeit der Beteiligung an den Bundesjugendspielen und Leistungsschwankungen

Es nahmen von den Untersuchten in den Jahren 1955–59 17,7% (60 Schüler, davon 26 Buben und 34 Mädchen) nur einmal an den Bundesjugendspielen teil, 39,8% (141 Schüler, davon 68 Buben und 73 Mädchen) zweimal, 37,8% (134 Schüler, davon 68 Buben und 66 Mädchen) dreimal und 4,5% (16 Schüler, davon 10 Buben und 6 Mädchen) viermal teil.

Im Jahre 1956 nahmen nur 19,2% der Untersuchten (68 Schüler, davon 28 Buben und 40 Mädchen) an den Wettkämpfen teil, 1957 waren es 59,8% (212 Schüler, davon 114 Buben und 98 Mädchen), 1958 76,2% (270 Schüler, davon 141 Buben und 129 Mädchen) und 1959 73,4% (260 Schüler, davon 121 Buben und 139 Mädchen).

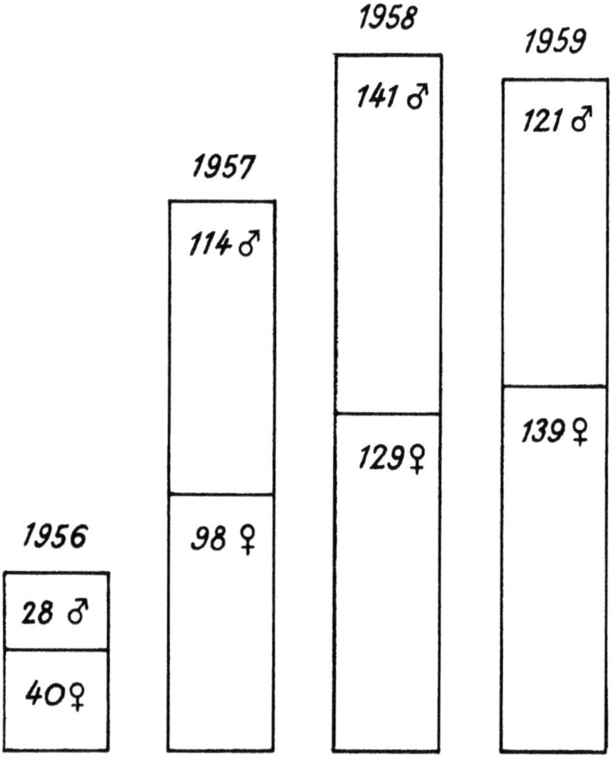

Abb. 2. Zahl der 11–14jährigen Teilnehmer des Probandenkollektivs an den Bundesjugendspielen 1956–1959

Von 294 Untersuchten, die mehr als einmal an den Bundesjugendspielen teilnahmen, verbesserten ihre Leistungen in den nachfolgenden Jahren trotz gesteigerter Anforderungen 156 = 53 % der Beteiligten, davon 72 Buben = 52,1 % der beteiligten Buben, und 84 Mädchen = 53,8 % der beteiligten Mädchen; 126 = 42,8 % der Beteiligten, davon 62 Buben = 44,9 % der beteiligten Buben, und 64 Mädchen = 41,0 % der beteiligten Mädchen, brachten schlechtere Leistungen zustande. Bei 12 der Beteiligten = 4 %, das waren 4 Buben = 2,8 % der beteiligten Buben, und 8 Mädchen = 5,1 % der beteiligten Mädchen, blieb das Leistungsniveau gleich.

In der guten Gruppe zeigten 23 Buben und 36 Mädchen einen Leistungsanstieg, das waren 51 % der gruppenangehörigen Buben und 60 % der gruppenangehörigen Mädchen. Es verschlechterten in dieser Leistungsgruppe ihre Leistungen 21 Buben und 22 Mädchen, das waren 46,4 % der gruppenangehörigen Buben und 36,6 % der gruppenangehörigen Mädchen.

In der mittleren Leistungsgruppe zeigten 23 Buben und 29 Mädchen einen Leistungsanstieg, das waren 59,2 % der gruppenangehörigen Buben und 51,7 % der gruppenangehörigen Mädchen. Es verschlechterten in dieser Leistungsgruppe ihre Leistungen 15 Buben und 23 Mädchen, das waren 38,4 % der gruppenangehörigen Buben und 41,0 % der gruppenangehörigen Mädchen.

In der schlechten Leistungsgruppe zeigten 26 Buben und 19 Mädchen einen Leistungsanstieg, das waren 48,1 % der gruppenangehörigen Buben und 47,5 % der gruppenangehörigen Mädchen. Es verschlechterten in dieser Leistungsgruppe ihre Leistungen 26 Buben und 19 Mädchen, das waren 48,1 % der gruppenangehörigen Buben und 47,5 % der gruppenangehörigen Mädchen.

II. Die körperliche Struktur der drei sportlichen Leistungspruppen

Die geplante Hollerithverarbeitung des Untersuchungsprogramms der Arbeitsgemeinschaft zwang Hagen und seine Mitarbeiter dazu, eine eigene Schlüsseltabelle für die Verschlüsselung der körperlichen Eigentümlichkeiten und Fehler, der Dimensionen des psychologisch-charakterologischen Gesamteindrucks und der Umweltfaktoren auszuarbeiten.

Für die Registrierung der körperlichen Besonderheiten und Fehler wurde ein dekadisches System angewandt, das in einer zweistelligen Verschlüsselung das Organ und die Art der festgestellten Fehler und Eigenschaften angibt. Die Schlüsseltabellen, die in „Deutsche Nachkriegskinder" (C 1) veröffentlicht sind, bestimmen die Gliederung der nachfolgenden Abschnitte.

In den nachfolgenden Tabellen habe ich bei den Mittelwerten (z. B. Körpergewichte), bei denen geschlechtsgebundene Unterschiede zu erwarten waren, eine Aufgliederung nach dem Geschlecht der Untersuchten vorgenommen.

Die Tabellen mit Häufigkeiten (z. B. Konstitution) eigneten sich in ihrem hohen Differenzierungsgrad für eine zusätzliche Aufgliederung nach dem Geschlecht nicht, da dadurch statistisch nicht verwertbare kleine Zahlen zustande kämen.

1. Körpergewicht

Die von Bach (B 2) bei den Bundesjugendspielen bei 55 615 Buben und 39 398 Mädchen gewonnenen Größen- und Gewichtsangaben dokumentieren, daß *Mädchen* vom *11. – 14. Lebensjahr größer* und vom *12. – 15. Lebensjahr schwerer als die Buben* sind. Als Ursache wird der frühere Beginn der Pubertät bei den Mädchen angegeben. Der Grund für die Stagnation der weiblichen Leistung im 16. Lebensjahr liegt nach Bachs Meinung darin, daß mit dem 17. Lebensjahr das Größenwachstum der Mädchen abgeschlossen ist, das Körpergewicht jedoch weiter zunimmt. Das *Maximum der Gewichtszunahme* liegt *bei den Mädchen* nach seinen Beobachtungen *zwischen dem 12. und 13. Lebensjahr, bei den Buben zwischen dem 14. und 15. Lebensjahr.* Ein zeitlicher Unterschied zwischen den Oberschülern der Großstadt und der Provinz konnte nicht festgestellt werden.

Die Körpergewichte der 10jährigen Buben liegen mit Ausnahme der beiden größten Körpergrößenklassen über denen der Mädchen. Im 12. Lebensjahr erfolgt die Überschneidung bereits in den mittleren Größenklassen. Bei den 14- und 15jährigen haben die Mädchen in allen Körpergrößenklassen größere Körpergewichte als die Buben. Vom 16. Lebensjahr an sind die Buben wieder, bei den größten beginnend, schwerer als die Mädchen. Im 18. Lebensjahr übertrifft das Körpergewicht der Buben in allen Größenklassen das der Mädchen.

Bei den Stuttgarter Kindern der deutschen Längsschnittuntersuchung sind die Durchschnittsgewichte der Mädchen vom 11.—14. Lebensjahr ebenfalls höher als die der Buben.

Ein Unterschied sehr guter Signifikanz ergibt sich hinsichtlich des Körpergewichts zwischen den männlichen und weiblichen Jugendlichen des Ausschulungsalters, nicht jedoch zwischen den Angehörigen der einzelnen sportlichen Leistungsgruppen.

Tabelle 3. Durchschnittliches Körpergewicht

	Gute Gruppe 118		Mittlere Gruppe 118		Schlechte Gruppe 118	
	46 Buben	72 Mädchen	67 Buben	51 Mädchen	67 Buben	51 Mädchen
1956	34,5	35,2	33,1	34,9	34,2	37,8
1957	37,7	39,4	36,6	39,5	38,0	42,9
1958	43,0	44,6	40,9	44,8	41,9	49,8
1959	48,7 **	49,7 **	46,0 **	49,6 **	47,3 ***	52,8 ***
Sigma	0,89	0,61	1,04	0,96	1,47	1,31

Es besteht also im Ausschulungsalter keine Abhängigkeit der Leistungsfähigkeit vom Körpergewicht. Die Annahme, daß das höhere Körpergewicht unter den Faktoren, die den Mädchen eine beachtliche Mehrheit in der guten sportlichen Leistungsgruppe verschaffen, von besonderer Wichtigkeit ist, erscheint unwahrscheinlich. Denn das Durchschnittsgewicht der Mädchen der schlechten sportlichen Leistungsgruppe ist zwar nicht immer signifikant, aber doch deutlich höher als das der anderen sportlichen Leistungsgruppen.

2. Körpergröße

Bach (B 2) beschäftigt sich intensiv mit der Frage, ob bei sportlichen Leistungen Jugendlicher die Körpergröße berücksichtigt werden muß, um zu einer gerechten Beurteilung zu kommen. Er vergleicht insbesondere die Leistungen von gleichgroßen Buben und Mädchen in allen Altersstufen. Als Ergebnis seiner umfangreichen Untersuchungen, die 45 482 Buben und 21 587 Mädchen erfaßten, stellt er eine *starke Abhängigkeit der Leistung von der Körpergröße* fest. Im einzelnen bemerkt er. daß auch bei gleicher Körpergröße von Altersstufe zu Altersstufe deutliche Leistungszunahmen bestehen. Während diese aber bei den Buben vom 10.–19. Lebensjahr festzustellen sind, tritt bei den Mädchen vom 15. Lebensjahr an kaum mehr ein Leistungszuwachs auf. „Die Abhängigkeit der Leistung von der Körpergröße ist in den einzelnen Altersstufen verschieden. Sie ist in den Pubertätsjahren am größten. *Bei den Mädchen ist die Abhängigkeit der Leistung von der Körpergröße geringer als bei den Buben.* Bei den Leistungsdurchschnitten für jede Körpergröße läßt sich, wie bei den Gesamtdurchschnitten, in den Pubertätsjahren ebenfalls eine verstärkte Leistungszunahme feststellen. Die Jugendlichen der größten Körpergrößenklassen weisen einen deutlichen Leistungsabfall auf, der konstitutionell bedingt ist."

Grimm (G 7) weist der Körpergröße eine zentrale Bedeutung zu und bemerkt, daß für praktische Zwecke eine Unterscheidung der Schüler nach der Standhöhe leichter und vorteilhafter ist als die Bildung von Leistungsgruppen nach Alter, Reifungsstufen oder Gewicht. Er faßt die Untersuchten nach Größenklassen von 5 cm Breite zusammen. Er bemerkt insbesondere beim Weitsprung, daß zunächst die Sprungweite mit zunehmender Größe zunimmt, jedoch bei den jeweils höchsten erreichten Größen deutlich abnimmt.

Während bei den Stuttgarter Mädchen der deutschen Längsschnittuntersuchung hinsichtlich der Körpergröße in den drei sportlichen Leistungsgruppen keine signifikanten Unterschiede gefunden werden konnten, trat ein Unterschied hoher Signifikanz zwischen den Buben der guten und mittleren, sowie den Buben der guten und schlechten sportlichen Leistungsgruppe in Erscheinung.

Mit sehr großer Wahrscheinlichkeit hängt also in diesem Alter die körperliche Leistung der Buben von der Körpergröße ab.

Somit dürfte die Bedeutung, die Grimm der Körpergröße für die sportliche Leistung beimißt, sich nur auf das männliche Geschlecht erstrecken.

Tabelle 4. Durchschnittliche Körpergrößen

	Gute Gruppe 118		Mittlere Gruppe 118		Schlechte Gruppe 118	
	46 Buben	72 Mädchen	67 Buben	51 Mädchen	67 Buben	51 Mädchen
1956	145,2	144,0	141,8	142,8	142,4	144,3
1957	150,1	151,6	146,5	148,5	148,5	150,1
1958	156,1	156,2	152,3	154,5	152,6	155,9
1959	163,58**	160,7	159,23**	159,0	158,98**	160,2
Sigma	1,25	0,50	0,88	0,90	1,00	0,87

Die mittlere quadratische Abweichung Sigma ist hier und in den folgenden Tabellen für den Wert des letzten Jahres nach der auf S 4 ff. angegebenen Methode berechnet. Unterlagen stehen beim Verfasser zur Verfügung.

Die Gewicht/Größenrelation der 3 Leistungsgruppen geht aus der Darstellung in den Somatogrammen deutlich hervor. Insbesondere zeigt sich der Einfluß der Größe bei der guten sportlichen Leistungsgruppe sowie der Einfluß der Fettleibigkeit bei den Mädchen der schlechten sportlichen Leistungsgruppe.

3. Alter

Das Durchschnittsalter betrug zum Zeitpunkt der Untersuchung:

in der guten sportlichen Leistungsgruppe
bei den Buben 13,70 Jahre
bei den Mädchen 13,79 Jahre

in der mittleren sportlichen Leistungsgruppe
bei den Buben 13,69 Jahre
bei den Mädchen 13,76 Jahre

in der schlechten sportlichen Leistungsgruppe
bei den Buben 13,76 Jahre
bei den Mädchen 13,76 Jahre

Es konnte also hinsichtlich des Alters kein signifikanter Unterschied zwischen den Angehörigen der drei sportlichen Leistungsgruppen gefunden werden. (Somatogramme. Siehe Abb. 3/4.)

4. Arm- und Bauchfettpolster

Durch den *Oeder*-Index ist uns eine grobe Beurteilung der Dicke des Fettpolsters möglich. Es wird eine Hautfalte mit dem darunter liegenden Fettgewebe angehoben und mit dem Tastzirkel die Basis derselben gemessen. Ist bei Erwachsenen die Basis unter 2 cm, so spricht dies für eine geringe Entwicklung des Unterhautfettgewebes, 2—3 cm werden als normal angesehen und über 3 cm beginnt die Fettsucht mit ihren verschiedenen Stadien. Unter normalen Verhältnissen wird bei Erwachsenen ein *Oeder*-Index von 1 cm z. B. als schlechter Ernährungszustand bezeichnet, für den hochtrainierten Sportler dürfte diese Deutung jedoch auf keinen Fall zutreffen, sondern in Kombination mit einem hohen Muskelindex auf einen guten Trainingszustand hinweisen (in A 5).

Keller und Kopf (K 1) berichten über Unterschiede anthropologischer Maße bei vier Gruppen junger Männer mit verschiedener körperlicher Aktivität, nämlich Universitätsstudenten, Rekruten bei der Einstellung, Soldaten nach dreimonatiger Ausbildung und Mitgliedern der Olympiamannschaft 1960. Die Studenten zeigten größere Hautfaltendicken und geringere Gliedumfänge, als

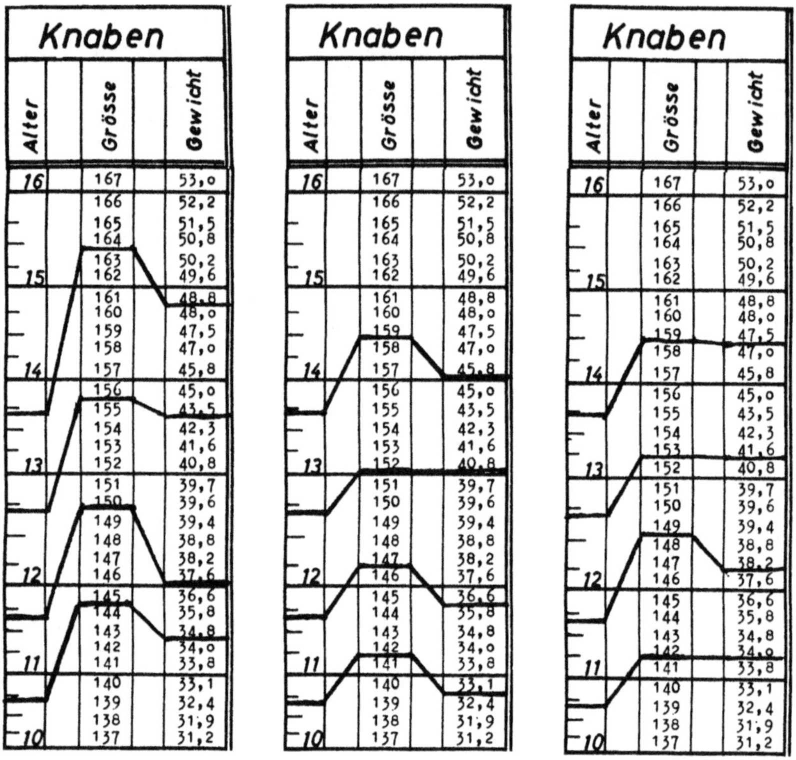

gute sportliche Leistungsgruppe

mittlere sportliche Leistungsgruppe

schlechte sportliche Leistungsgruppe

Abb. 3/4. Die auf die Normwerte von 1953 bezogenen Somatogramme lassen bei Knaben und
und schlechte Gruppe halten sich an die Mittelmaße unter Berücksichtigung der von 1953 bis
sind größer und vor allem

die Soldaten. Während der Ausbildung der Rekruten nahm das Körpergewicht im Durchschnitt zu; die Gliedumfänge nahmen dann zu, wenn sie vorher klein waren; die Hautfaltendicke nahm ab, am stärksten bei großen Hautfaltendikken. Von allen 4 Gruppen waren bei den Olympiateilnehmern die Hautfaltendicken am geringsten und die Gliedumfänge am größten.

Von den Ärzten der Arbeitsgemeinschaft wurde das Armfettpolster durch das Abheben einer Hautfalte über dem Deltamuskel des Oberarms, das Bauchfettpolster durch das Abheben einer Hautfalte etwas unterhalb des Nabels mit Hilfe einer Schiebelehre gemessen.

Bei unserer Verteilung kann der bekannte, sehr gut signifikante Unterschied zwischen dem Fettpolster der Buben und dem der Mädchen in allen Gruppen

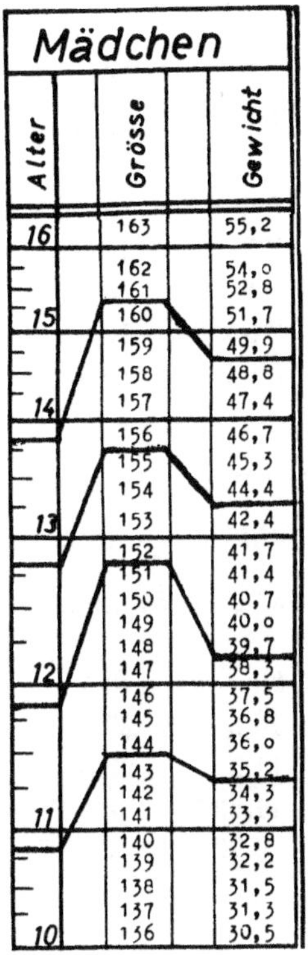

gute sportliche Leistungsgruppe

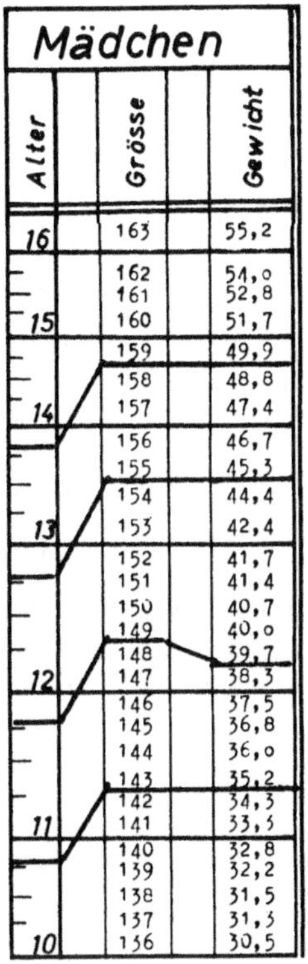

mittlere sportliche Leistungsgruppe

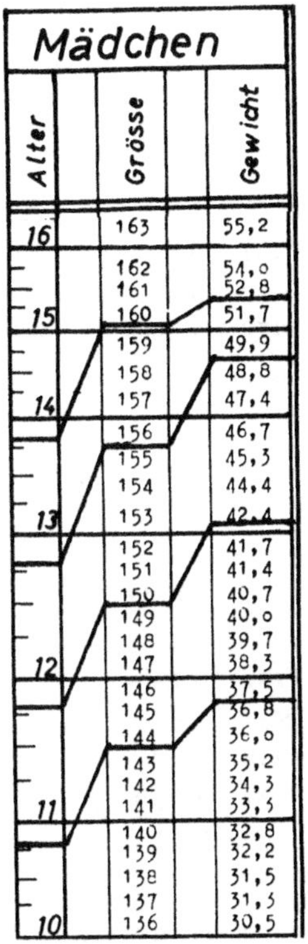

schlechte sportliche Leistungsgruppe

Mädchen erkennen, daß die gute sportliche Leistungsgruppe größer und schlanker ist. Mittlere 1956/59 eingetretenen Akzeleration. Die Mädchen der schlechten Leistungsgruppe allerdings schwerer, d. h. wohl fetter.

festgestellt werden. Ein Unterschied sehr guter Signifikanz ist aber auch zwischen der Arm- und Bauchfettpolsterdicke der Buben aus der guten und der schlechten sportlichen Leistungsgruppe nachzuweisen, ein Unterschied ausreichender Signifikanz zwischen den Mädchen der guten und schlechten sportlichen Leistungslruppe und den Buben der guten und mittleren sportlichen Leistungsgruppe.

Es besteht also neben den bekannten hochsignifikanten Fettpolsterdifferenzen zwischen den Geschlechtern bei den Buben dieses Alters mit großer Wahrscheinlichkeit eine konträre Abhängigkeit der sportlichen Leistung von der durchschnittlichen Arm- und Bauchfettpolsterdicke; mit ausreichender Wahrscheinlichkeit besteht diese Abhängigkeit bei den Mädchen.

Tabelle 5. Durchschnittliches Armfettpolster in mm

	Gute sportl. LG.		Mittlere sportl. LG.		Schlechte sportl. LG.	
	46 Buben	72 Mädchen	67 Buben	51 Mädchen	67 Buben	51 Mädchen
1956	4,9	7,1	5,3	7,6	6,0	8,9
1957	5,6	7,8	6,2	8,2	7,7	10,3
1958	5,6	7,9	6,1	8,4	6,8	10,4
1959	5,39**	9,02*	6,44*	9,29	7,35**	10,35*
Sigma	0,21	0,51	0,30	0,35	0,44	0,46

Tabelle 6. Durchschnittliche Bauchfettdicke in mm

	Gute sportl. LG.		Mittlere sportl. LG.		Schlechte sportl. LG.	
	46 Buben	72 Mädchen	67 Buben	51 Mädchen	67 Buben	51 Mädchen
1956	6,7	11,7	8,1	13,8	8,5	18,1
1957	7,4	12,9	8,7	16,2	10,5	20,0
1958	7,3	14,7	8,9	17,6	11,5	20,8
1959	7,65**	18,55*	9,89	18,76	11,62**	22,60*
Sigma	0,41	0,77	0,71	1,33	0,92	1,35

5. Spirometerwert

Die einfachste Funktionsprüfung der Atmung, die für gewisse Fragestellen recht brauchbare Ergebnisse liefert, ist die Bestimmung der Vitalkapazität. Unklarheiten bestehen nach Nöcker (in A 5) immer noch über die Normalzahlen, die natürlich im weiten Umfang schwanken. Zahlreiche Untersucher konnten feststellen, daß durch sportliche Betätigung die Vitalkapazität zunimmt. Jedoch stellt die Größe der Zunahme nach Nöckers Beobachtungen genauso wenig einen Maßstab für den Trainingszustand dar, wie die absolute Größe der Vitalkapazität für die Sporttauglichkeit.

Bolt (in A 5) hält die Bedeutung der Vitalkapazität für gar nicht so „vital". Sie erlangt erst eine vitale Bedeutung, wenn sie unter 1,5 bis 1,0 L. absinkt. Die Bestimmung der Vitalkapazität erfolgt durch tiefste Ein- und Ausatmung und Messung des ventilierten maximalen Volumens. Dadurch erhält man gleichzeitig das Reservevolumen und das Komplementär-Volumen. Beide Werte sind nach Bolts Ansicht unwesentlich, da sie mit Änderung der labilen Thoraxlage stark schwanken. Die Größe der Vitalkapazität ist weitgehend abhängig von der Elastizität des Thorax und der Kraft der Atemmuskulatur.

Schönholzer (in G 10) fordert, daß die Vitalkapazität nur in Relationen zur Körpergröße interpretiert werden soll (Spiroindex nach Lorenz). Auch er mißt der Vitalkapazität keine Bedeutung für die Leistungsfähigkeit bei. Ihr Anstieg kann sowohl durch Training als auch durch einfache Atemgymnastik erzielt werden.

Danach ist es erstaunlich, daß bezüglich der Vitalkapazität Unterschiede ausreichender ,Signifikanz zwischen den Buben der guten, mittleren und schlechten sportlichen Leistungsgruppe bestehen. Ein Unterschied sehr guter Signifikanz erweist sich zwischen den Buben und Mädchen der guten sportlichen Leistungsgruppe, ein solcher ausreichender Signifikanz zwischen denen der mittleren sportlichen Leistungsgruppe.

Neben einem angedeuteten bis deutlichen geschlechtsgebundenen Unterschied in der Vitalkapazität zeigt sich bei den männlichen Jugendlichen mit mittelgroßer Wahrscheinlichkeit eine Abhängigkeit sportlicher Leistungen von der Vitalkapazität.

Tabelle 7. Durchschnittliche Spirometerwerte in ccm

	Gute sportl. LG.		Mittlere sportl LG.		Schlechte sportl. LG.	
	46 Buben	72 Mädchen	67 Buben	51 Mädchen	67 Buben	51 Mädchen
1956	2260	1910	2011	1847	2074	1921
1957	2520	2170	2249	2094	2262	2164
1958	2750	2380	2503	2306	2501	2435
1959	3171**	2659**	2873*	2547*	2765*	2682
Sigma	0,10	0,052	0,073	0,064	0,071	0,058

6. Konstitution

Arnold (A 1) hält Untersuchungen über Beziehungen zwischen Körperbau und Leistung an den Schulen für sehr wichtig. Er hält Massenveranstaltungen, Sportabzeichenprüfungen usw. für geeignet, einen Überblick über die durchschnittliche Leistungsfähigkeit und ihre Beziehungen zur Körperform zu erlangen. Erhebungen bei Spitzenkönnern bieten seiner Ansicht nach keine Gewähr für Ergebnisse, die einen Maßstab für die Allgemeinheit abgeben können.

Grebe (G 5) unterscheidet zwei Forschungsrichtungen bei der Analyse alldessen, was heute über die Beziehungen zwischen Konstitution und Leistungsfähigkeit im Sport bekannt ist. Entsprechend den verschiedenen Konstitutionstypen, wie sie in den verschiedenen Systemen dargestellt sind, hat man die Frage der körperlichen Leistungsfähigkeit bei Arbeit und Sport in erster Linie unter dem Gesichtspunkt einer exakten meßbaren und darstellbaren *Typologie* untersucht. Andererseits haben auch Konstitutionsforscher, wie z. B. Lampert, die Reaktion auf einen Reiz – und jede sportliche Leistung ist ja eine solche – in *Reaktionstypen* voneinander unterschieden und damit die funktionelle Besonderheit des Organismus über die morphologische gestellt.

Grebe definiert den Konstitutionsbegriff zusammenfassend folgendermaßen: *„Als Grundlage der sportlichen Leistungsfähigkeit stellt die Konstitution die persönliche Besonderheit eines Sportlers in Bau, Funktion und Psyche dar, die, im Genotypus begründet, ihren bleibenden Ausdruck in der Reaktionsbereitschaft auf leistungsmindernde oder leistungsfördernde Reize findet."*

Auch Grebe findet bei dem Bemühen der Feststellung eines bestimmten Konstitutionstypus und seiner Zuordnung zu einem bestimmten Sporttyp, daß die überwiegende Zahl der Menschen als Mischtypen bezeichnet werden müssen.

Immer wieder hat man versucht, sportliche Eignung mit Hilfe einer einfachen Konstitutionsformel zu erfassen. (Konstitutionsindex von Lorenz, Ruffier, Quételet.) Frey (in G 10) betont, daß alle Konstitutionsindizes nicht gehalten haben, was man sich von ihnen versprochen hat. Der klinische Blick erfaßt nach seiner Meinung den ganzen Menschen und sein Leistungsvermögen viel besser, als es eine nackte Indexzahl auszudrücken vermag.

Prokop (P 2) wendet sich ebenfalls gegen die Aufstellung von spartenspezifischen Normtypen. In der Praxis zeigt es sich überzeugend, daß entgegen solchen grob mechanischen Vorstellungen, abgesehen von einigen Ausnahmen (Hochsprung, Werfen, Gewichtheben), grundsätzlich alle Typen in allen Sparten mit Spitzenleistungen aufzuwarten vermögen. Nach den von Prokop zitierten Untersuchungen von Kunnas, Telkka und Perc, welche einen Großteil der finnischen Spitzenathleten konstitutionell analysierten, spielen Mischtypen eine besondere Rolle, indem sie gerade im Leistungssport bestimmte körperliche Vorzüge zweckmäßig vereinigen. Sie fanden unter den Kurzstreckenläufern 46% Leptosome, 2% Athletiker und 52% Mischtypen, bei den Springern 44% Leptosome, 2% Athletiker und 54% Mischtypen und bei den Werfern 5% Athletiker und 95% Mischtypen. Kunnas kommt zu der Feststellung, daß dem Körperbau im Sport, wenn man von extremen Eigenschaften absieht, vielleicht doch nicht die für gewöhnlich angenommene überragende Bedeutung beizumessen ist. Denn wenn schon die rein anatomisch unterschiedlichen Hebelverhältnisse bei verschiedenen Konstitutionstypen für bestimmte Leistungen nicht gleich günstig sind, so ist dafür andererseits dem Muskelansatz ein so großer Spielraum gelassen, daß trotz scheinbarer ungünstiger Skelettmaße das tatsächliche Übersetzungs- und Kräfteverhältnis sogar dasselbe sein kann.

In der aufgegliederten Verteilung der Stuttgarter Kinder wurden hinsichtlich der Konstitution keine Unterschiede ausreichender Signifikanz zwischen den einzelnen sportlichen Leistungsgruppen deutlich. Nach Zusammenfassung der reinen Typen mit den deutlich akzentuierten Typen zeigte sich beim athletischen Formenkreis ein Unterschied sehr guter Signifikanz zwischen den Vertretern der guten und schlechten Leistungsgruppe. *Es besteht also mit großer Wahrscheinlichkeit eine Abhängigkeit der sportlichen Leistungsfähigkeit von dem zum athletischen Formenkreis zugehörigen Konstitutionstyp.*

Wenn jedoch die „Uncharakteristischen", die von nicht anthropometrisch vorgehenden Untersuchern erfahrungsgemäß gern zum athletischen Formenkreis gezählt werden, auch in unserer Verteilung mit den Athletikern vereinigt werden, wird die Abhängigkeit der Leistung von der Konstitution nicht mehr deutlich. *Demnach kann der Konstitutionstyp nur dann neben anderen Faktoren zur Leistungsdiagnose und -prognose herangezogen werden, wenn er vorher sorgfältig bestimmt wurde.*

Tabelle 8. Zusammengefaßte Konstitutionstypen

	Gute Gruppe	Mittlere Gruppe	Schlechte Gruppe
	118	118	118
Pyknischer Formenkreis	3,4 %	8,5 %	6,7 %
Athletischer Formenkreis	38,1 % **	26,3 %	20,0 % **
Leptosomer Formenkreis	20,3 %	21,2 %	30,0 %
Uncharakteristischer Formenkreis	38,1 %	44,0 %	44,0 %

7. Allgemeinzustand und Entwicklungstempo

Zur Beurteilung des Allgemeinzustandes erscheint im allgemeinen, ebenso wie zur Beurteilung des Muskelstatus und der Konstitution, der gute „klinische Blick" des erfahrenen Arztes ausreichend. Leider hat sich bei den deutschen Längsschnittuntersuchungen herausgestellt, daß die Eingruppierung nach dem Allgemeinzustand in den verschiedenen Untersuchungsstellen nicht einheitlich vollzogen wurde.

Einzig der Allgemeinzustand „schlecht" wies eine ziemliche Übereinstimmung in allen Untersuchungsstellen auf, bei „mittel" und „gut" betrugen die Differenzen der Beurteilung in den einzelnen Städten bis zu 45 % (Walther in C 1). Der Allgemeinzustand der 14jährigen Buben wurde in den 6 Untersuchungsstellen in 38,8 % der Fälle als gut, in 49,7 % der Fälle als mittel und in

11,5% der Fälle als schlecht bezeichnet; der Allgemeinzustand der 14jährigen Mädchen in 47,5% der Fälle als gut, in 42,9% der Fälle als mittel und in 9,6% der Fälle als schlecht. Neben dem Allgemeinzustand wurde bei jedem Kind festgehalten, ob sein Entwicklungstempo besonders auffällig verfrüht, oder verspätet erschien. Oster (in C 1) stellte fest, daß Entwicklungsverfrühungen häufig mit gutem Allgemeinzustand, Entwicklungsverzögerung meist mit einem schlechten Allgemeinzustand gekoppelt sind.

Nach den differenzierten und zusammengefaßten Verteilungen der Stuttgarter Kinder ergaben sich keine signifikanten Unterschiede hinsichtlich des Allgemeinzustandes und des Entwicklungstempos zwischen den verschiedenen sportlichen Leistungsgruppen.

Tabelle 9. Zusammengefaßte Allgemeinzustandscharakteristik

	Gute sp. LG. 118	Mittlere sp. LG. 118	Schlechte sp. LG. 118
Guter Allgemeinzustand	25,42%	31,34%	34,73%
Mittlerer Allgemeinzustand	64,38%	51,68%	50,84%
Schlechter Allgemeinzustand	10,16%	16,94%	14,40%

8. Entwicklungszustand

Die Stufe und Phase des Großkindalters wird bei den Buben etwa nach Vollendung des 12. Lebensjahres, bei den Mädchen nach 10,5 Lebensjahren durch die des *Jugendalters* abgelöst. Der erste Teil des Jugendalters wird von Stratz als *2. Streckung*, von Zeller als *1. puberale Phase*, von Mansfeld als *1. Pubertätsphase*, von Busemann als *5. Erregungsphase*, von *Remplein* als *Vorpubertät* bezeichnet (R 7).

Der tiefe Einschnitt, der zwischen Kindes- und Jugendalter liegt, wird zunächst deutlich durch Veränderung des leiblichen Erscheinungsbildes, die erste Ausbildung der Reifungszeichen, den puberalen Längenwachstumsschub, die Pubeszentendisharmonie und leichte akromegale Verzerrungen.

Mit der Entharmonisierung der Leibesgestalt geht eine Entharmonisierung der Bewegungsgestalt parallel (R 7). Die Ausdrucksbewegungen werden unausgeglichen, eigentümliche Schwankungen zwischen Bewegungsluxus (Hyperkinese) und Bewegungsentgleisung (Parakinese) werden deutlich.

Der Beginn der *Pubertät*, also der *2. Pubertätsphase*, ist durch einen Umschlag der Wachstumstendenzen charakterisiert, der eine 2. Phase des Gestaltwandels erkennen läßt. Der Längenwachstumsschub, der im Großkindalter überwiegend die Beine betrifft und durch das Zurückbleiben des Rumpfwachstums in der 1. Pubertätsphase zur Pubeszentendisharmonie geführt hat, ergreift im Zeitpunkt der größten Dissonanz plötzlich den Rumpf, der nun größer wird. Ein gutes Maß hierfür bildet die relative Sitzhöhe, die im selben Grade zunimmt, wie die relative Beinhöhe abnimmt.

Mit der Zunahme des *Rumpfwachstums* läßt die Disproportioniertheit des äußeren Erscheinungsbildes nach.

Die nun kräftige Ausbildung der Reifezeichen manifestiert sich bei den Mädchen in einer fast reifen Brustform, einem Dichterwerden der Terminalbehaarung, dem Nachdunkeln des Haupthaares und der Augenfarbe, sowie dem Tieferwerden der Stimme um eine Terz. Bei den Buben vergrößert sich das Genitale, die Brust vermännlicht sich, der Kehlkopf springt vor, die Terminalbehaarung wird dichter und dunkler, der Bartflaum dehnt sich auf Wange und Kinn aus, Nase und Kinn werden stärker ausgeformt, der Stimmwechsel schreitet voran.

In allen psycho-physischen Schichten beginnt nun das Suchen nach innerer Störungsfreiheit und Selbstgestaltung. Der größer gewordene Körper beginnt seine Bewegungen zu verfeinern, abzurunden und zu beherrschen. Der Bewegungsüberschuß wird langsam eingedämmt, eine Kraftreserve eingespart. In Sport und Spiel beobachtet man am besten die Ökonomisierung der Kräfte (M 17). Der Jugendliche strebt bewußt danach, seine Glieder in die Gewalt zu bekommen, seine Bewegungen wirken gezügelter, wenn auch noch immer eckig und nicht ganz ausgeglichen.

Das Jugendalter mit Auflösung der kindlichen und Ansätzen zur männlichen und fraulichen Struktur stellt sich äußerlich in einem Größenwachstum dar, das in seinem Ausmaß bei Buben nur mit der Zuwachsrate des 2. Lebensjahres vergleichbar ist; bei Mädchen ist dieser Vorgang weniger deutlich ausgeprägt. Am Beginn dieser Entwicklungsphase steht nicht die Reifung, d.h. nicht die durch die Keimdrüsen bewirkte Pubertät, sondern die Auflösung der bisherigen Gestalt. Die gefestigte leibseelische Struktur der vollendeten Kindheit zerfällt gleichsam. Die körperlich-seelische Unsicherheit des Jugendlichen dieser Phase ist dadurch zu erklären, daß diese Auflösung der Struktur schlagartig einsetzt. Die Instabilität wird im Endergebnis gesteigert durch die seit Jahrzehnten in fast allen Kulturländern festgestellte Wachstumsbeschleunigung und Wachstumssteigerung (Akzeleration).

Mansfeld (M 3) betont, daß man zur Beurteilung des Entwicklungszustandes eines einzelnen Menschen nicht ohne weiteres seine erreichte Körpergröße verwerten kann. „Sehr viel sicherer sind die Beziehung zwischen Wachstum und erreichtem Reifegrad in der Pubertät. Die wichtigste davon ist die Beziehung zwischen dem Pubertätswachstum und dem Termin der ersten Menstruation der Mädchen. Das Wachstum erfährt nach einer Periode mehr oder weniger gleichmäßiger Abnahme in der Schulkindphase mit dem Einsetzen hormoneller Reifeimpulse eine neuerliche Verstärkung mit dem Beginn der Pubertät. Diese Steigerung des Wachstums strebt einem Gipfel der jeweiligen Zuwachsraten für eine bestimmte Zeiteinheit, z.B. ein Jahr, zu und verebbt dann endgültig. Wir beobachten also vom Beginn der geschlechtlichen Reifevorgänge an bei jedem Menschen einen sogenannten Wachstumsschub, wir sprechen von dem *Pubertätswachstumsschub*. Bei den Mädchen wurde beobachtet, daß der Höhepunkt oder der Gipfel dieses Schubes bei gesunden Mädchen in jedem Fall vor dem Einsetzen der ersten Menstruation liegt."

Ein Rückblick auf die seit 50 Jahren alljährlich bei den Stuttgarter Kindern durchgeführten Körpergrößenbestimmungen ergab, daß der Hauptwachstumsschub jahrzehntelang bei den Mädchen im 12., bei den Buben im 13. Lebensjahr erfolgte. Erst im letzten Jahrzehnt zeigte sich die Tendenz zu einer Verschiebung des Hauptwachstumsschubs der Mädchen in das 11. Lebensjahr und der Buben in das 12. Lebensjahr. Daraus zog Mansfeld (M 3) den Schluß, daß innerhalb der letzten 50 Jahre bei den Stuttgarter Kindern nur eine *Vorverlegung der Pubertät um knapp ein Jahr* stattgefunden hat. Mansfeld stellt also heraus, daß bei der Anwendung eines säkularen Maßstabs der Eindruck einer wesentlichen Vorverlegung der Pubertät nicht bestehen bleiben kann. Sowohl in den 20er wie auch in den 50er Jahren vollzog sich eine spektakuläre Beschleunigung der Wachstumsprozesse, die nur als kompensierendes Auf- und Nachholen der durch die Kriege gestörten Wachstumsentwicklung verstanden werden kann, die alle zivilisierten Völker der Welt seit Jahrhunderten ergriffen hat.

Freund (F 5) betont, daß die Akzeleration einen Anpassungsvorgang darstellt, der mit höherer Differenzierung und damit zweckhaft gerichteter Einengung des Reaktionspotentials einhergeht. Hieraus ergeben sich zwangsläufig gewisse Empfindlichkeiten, Labilitäten und eine gewisse Unelastizität, die sich in Stenokardien, Akrozyanose und Leistungsschwäche äußert. Er macht auch wie andere Autoren auf das Nachhinken des maximalen Herzmuskelwachstums hinter dem Maximum des Körperwachstums aufmerksam, der Dissoziation zwischen Herzvolumenzunahme und Herzwandstärke, zwischen Herzvolumenzunahme und zu geringer Größenzunahme der herznahen Gefäße. Bei schnellerem Reifungstempo ist ein stärkerer Blutdruckanstieg üblich. Es handelt sich um einen labilen arteriellen Hypertonus mit seiner unverhältnismäßig starken Herzbelastung. Freund nimmt als funktionelle Grundlage der Akzeleration eine vermehrte vegetative Labilität und nervöse Reizbarkeit an. Er streicht die besondere Empfindlichkeit gegenüber schädigenden Dauerbelastungen oder übertriebenen Kraftübungen, die mit starker Pressung einhergehen, heraus.

Der Fehler, daß „Frühentwickler" eine zu starke Beachtung und Überschätzung ihrer Leistungsfähigkeit finden und Spätentwickler eine gewisse Vernachlässigung erfahren, kann nach Grimm (A 4) durch *Einbau der „Entwicklungsdiagnose" in die sportärztliche Eignungs- und Überwachungsuntersuchung* vermieden werden.

Grimm (G 7) beklagt vor allem, daß allen Tabellen, die nach dem chronologischen Alter allein Mittelwerte körperlicher Leistungen aufführen, hinsichtlich ihrer Verwendbarkeit in der Körpererziehung ein grundsätzlicher Mangel anhaftet. Die in solchen Zahlentafeln festgelegten Durchschnittsleistungen einer bestimmten Altersklasse können als Erwartungswerte für die „Spätentwickler" schon viel zu hoch, für einzelne „Frühentwickler" ganz mühelos erreichbar sein. Knoll, Arnold u. a. fordern, die Schüler bei Wettkämpfen nicht nach dem chronologischen Alter, sondern nach dem „biologischen Alter" einzuteilen. Schon 1922 wurde von Schiötz, um physiologisch Gleichstehende in einer Konkurrenzklasse zu sammeln, aus chronologischem Alter, „Höhenalter" und „Gewichtsalter" das „Physische Alter" oder „Konkurrenzalter" durch einfache Mittelwertbildung bestimmt.

Auf Grund von Zellers Methodik der Entwicklungsdiagnostik im Jugendalter verfügen wir noch über weitere Möglichkeiten der quantitativen Erfassung des Entwicklungsgrades. Die für die einzelnen Reifezeichen gewonnenen Punktzahlen können nach Schwidetzky in einer mittleren Reifungskennzahl zusammengefaßt werden, die für beide Geschlechter von 0–12 schwanken kann. Damit ist eine recht gute Einstufung des Individuums hinsichtlich seiner Entwicklung möglich.

Arnold schlägt vor, bei Mehrkämpfen jugendliche Gruppen nach dem Grad der Körperentwicklung zu bilden, „es könnte dann vielen unterentwickelten Knaben und Mädchen gezeigt werden, daß ihre Leistungen gar nicht so minderwertig sind, sondern daß sie die ihrer Körperentwicklung entsprechenden Leistungen erreichen (A 4)".

Knoll empfiehlt die Bildung von „Leistungsriegen" innerhalb einer Klasse, um die Klassengemeinschaft und ihren erzieherischen Wert zu erhalten.

Vogt (V 4) betont, daß die Abgrenzung der noch als normal anzusehenden Varianten von pathologischen Zuständen oder Entwicklungsverläufen mehr oder weniger willkürlich ist, weil die Körpermaße, die Ossifikationstermine, die Zeitpunkte des Auftretens der sekundären und primären Geschlechtsmerkmale, die Daten der geistigen Entwicklung und aller anderen der Beurteilung des Entwicklungszustandes dienlichen Einzelmerkmale in jedem größeren Kollektiv mehr oder weniger weit um einen gemeinsamen Mittelwert variieren. In der Pubeszenz und Adoleszenz ist der Streubereich besonders groß, weil sich in dieser Zeit verschiedene Merkmale mit einer erheblichen eigenen Streuung wechselseitig beeinflussen. Wegen der Abhängigkeit von der Genitalentwicklung ist die Variationsbreite der Längenmaße bei Buben im 14. u. 15., bei Mädchen im 12. u. 13. Lebensjahr größer als in jeder anderen Alterstufe, und zwar absolut wie auch relativ zum Mittelwert.

Vogt (V4) kommt bei der Abtrennung von krankhaften Pubertätstörungen von den normalen Varianten unter Zugrundelegung von Mittelwerten und doppelter Standartabweichung zu folgenden Grenzen: *Pubertas praecox* liegt vor, wenn die ersten Pubertätszeichen bei Mädchen vor dem 8., bei Buben vor dem 10. Lebensjahr auftreten. *Pubertas tarda* liegt vor, wenn die ersten sekundären Geschlechtsmerkmale bei Mädchen am Ende des 14., bei Buben am Ende des 16. Lebensjahres noch fehlen oder wenn die Menarche nach dem 18. Lebensjahr eintritt, bzw. reife Spermatozoen am Ende des 19. Lebensjahres noch nicht vorhanden sind.

Mansfeld (M19) ist vor allem darum bemüht, den Schul-, Sport- und Betriebsärzten, die wegen mannigfacher Fragestellungen bei ihren jugendlichen Klienten eine *„Entwicklungsdiagnose"* stellen müssen, also den Reifestatus bestimmen müssen, Leitsymptome deutlich zu machen, zu deren Erfassen es keines großen apparativen Aufwandes bedarf. Er legt besonderen Wert auf die gleichmäßig starke Beachtung des *Wachstums-* und *Geschlechtsalters.* Er stützt seine Zusammenschau auf die Tatsache, daß nach den Beobachtungen vieler Autoren *der Gipfel des Pubertätsschubes des Längenwachstums hochsignifikant mit dem Geschlechts- und Knochenalter korreliert ist.*

Mansfeld unterscheidet 2 wichtige Stationen der Pubertätsentwicklung, das *Halbjahr des Pubertätswachstumsschubes*, das sogenannte Wachstumsgipfelalter, und das des *Übergangs von der 1. zur 2. Pubertätsphase*, also des Endes der Vorpubertät und des Beginns der Pupertät. Bei Mädchen hat noch als dritte Station die Menarche Wichtigkeit und Geltung.

Mansfeld bestätigt die von Simmonds und Greulich gefundene gesetzmäßige Beziehung, daß der *Gipfel des Pubertätswachstumsschubs immer vor der Menarche* liegt; bei den Frühmenstruierenden liegt er nahe dem Zeitpunkt der Menarche, bei Spätmenstruierenden fern dem Zeitpunkt der Menarche.

Der Übergang von der 1. zur 2. Pubertätsphase wird durch Beachtung der Körperhöhe und des Körpergewichts, des seelischen und geistigen Entwicklungzustandes, die Beurteilung der sekundären Geschlechtsmerkmale und der Körperproportionen gefunden.

Oster hat für die deutschen Längsschnittuntersuchungen die Einzelkomponenten des Geschlechtsalters in 4 Stufen (Reifegrad 0 kindlich, 1 beginnend pubeszent, 2 fortgeschritten pubeszent, 3 reif) zusammengefaßt. Mansfeld hat das Auftreten der Stufe 2 besonders hervorgehoben, da diese am zuverlässigsten bestimmt werden kann: „Die Stufe 2 nach Oster entspricht dem Umschlag der 1. zur 2. Pubertätsphase nach Zeller, sie liegt nach dem Gipfel des PWS (Pubertätswachstumsschubs) und vor der Menarche."

Mansfeld ersetzt die Ausdrücke „Akzelerierte" und „Retardierte" bewußt durch die Ausdrücke „Frühentwickler" und „Spätentwickler", da er diese Personengruppen zunächst frei von jeder Wertung sehen möchte.

Die „Frühentwickler" (20% des Kollektivs) unter den Mädchen der Längsschnittuntersuchung erreichen den Reifepunkt P 1/2 (Umschlag von der 1. zur 2. Pubertätsphase) spätestens bis zum 12. Lebensjahr, die „Frühentwickler" unter den Buben spätestens bis zum Alter von 13,9 Jahren.

Die „Normalentwickler" (60% des Kollektivs) unter den Mädchen erreichen den Reifepunkt P 1/2 im Alter von 12,0 bis 13,9 Jahren, die „Normalentwickler" unter den Buben im Alter von 13,9 bis 15,4 Jahren.

Die „Spätentwickler" (20% des Kollektivs) unter den Mädchen erreichen den Reifepunkt P 1/2 frühestens im Alter von 13,9 Jahren, die „Spätentwickler" unter den Buben frühestens im Alter von 15,4 Jahren.

Bei der Verteilung der erfaßten Stuttgarter Kinder nach dem Wachstumsgipfelalter und der sportlichen Leistungsfähigkeit ergab sich sowohl ein sehr gut signifikanter Unterschied in der Höhe des Wachstumsgipfelalters zwischen den Buben und Mädchen sämtlicher sportlichen Leistungsgruppen, als auch ein ebenso signifikanter Unterschied zwischen den Buben der guten und schlechten sportlichen Leistungsgruppen.

Der Wachstumsgipfel der Mädchen liegt also statistisch gesichert um 1,5–2 Jahre vor dem der Buben.

Bei den Buben der guten sportlichen Leistungsgruppe liegt der Wachstumsgipfel durchschnittlich mehr als 6 Monate vor dem der Buben der schlechten sportlichen Leistungsgruppe.

Das Wachstumsgipfelalter erweist sich bei den Mädchen als nicht bedeutsam für die Zugehörigkeit zu einer sportlichen Leistungsgruppe.

Dieselben Verhältnisse ergaben sich beim Umschlag von der 1. zur 2. Pubertätsphase. Auch hier wurden Differenzen sehr guter Signifikanz zwischen Buben und Mädchen in Bezug auf das Merkmal Zeitpunkt des Umschlags von der 1. zur 2. Pubertätsphase gefunden und eine ebenso sichere Differenz zwischen den Buben der guten und schlechten Leistungsgruppe.

Der Zeitpunkt des Übergangs von der 1. zur 2. Pubertätsphase liegt bei den Mädchen also 1,2–1,9 Jahre vor dem der Buben. Die Buben der guten sportlichen Leistungsgruppe erlebten den Zeitpunkt des Übergangs von der 1. zur

2. Pubertätsphase durchschnittlich über ein halbes Jahr früher, als die der schlechten sportlichen Leistungsgruppe. Die Mädchen der verschiedenen sportlichen Leistungsgruppen differierten im Zeitpunkt des Übergangs von der 1. zur 2. Pubertätsphase nicht voneinander. Das Menarchealter, das dem Zeitpunkt des Übergangs von der 1. zur 2. Pubertätsphase in 3– 4 Monaten folgte, war ebenso, wie die anderen Entwicklungsstationen nicht von Bedeutung für die Zugehörigkeit zu einer sportlichen Leistungsgruppe.

Es besteht also neben den bekannten großen geschlechtsgebundenen Unterschieden im Wachstumsgipfelalter und dem Zeitpunkt des Umschlags von der 1. zur 2. Pubertätsphase mit sehr großer Wahrscheinlichkeit bei den männlichen Jugendlichen des Ausschulungsalters eine Abhängigkeit sportlicher Leistungsfähigkeit von den beiden Reifestationen. Die Buben der guten sportlichen Leistungsgruppe sind größtenteils „Frühentwickler", die der mittleren sportlichen Leistungsgruppe frühe, die der schlechten sportlichen Leistungsgruppe späte „Normalentwickler".

Tabelle 10. Reifedaten

	Gute sportl. LG.		Mittlere sportl. LG.		Schlechte sportl. LG.	
	Buben	Mädchen	Buben	Mädchen	Buben	Mädchen
Anzahl der Probanden	43	62	59	45	60	43
Durchschnittliche Wachstumsgipfelalter in Jahren	13,62 ***	12,16 ***	13,97	12,16 ***	14,23	12,20
Sigma	0,161	0,126	0,097	0,124	0,090	0,124
Umschlag von der 1. zur 2. Pubertätsphase	14,03 ***	12,88 ***	14,47	12,73	14,65 ***	12,72
Sigma	0,147	0,128	0,127	0,173	0,121	0,140
Durchschnittlisches Menarchealter		13,18		12,97		12,97
Sigma		0,32		0,18		0,09

9. Endokrine Störungen

Den Keimdrüsen fällt die Aufgabe der sexuellen Reifung zu. Unter ihrem Einfluß bilden sich demgemäß die sekundären leiblichen Geschlechtsmerkmale und die psychischen Geschlechtseigenschaften aus. *Unterfunktion der Keimdrüsen* führt zu mangelhafter Ausbildung der sekundären Geschlechtsmerkmale, Ausbleiben der Mutation, Wucherung der Kopf- bei Zurückbleiben der Gesichts- und Körperbehaarung, Fettansatz an Brust, Bauch und Hüften, vermehrtes Längenwachstum (eunuchoider Hochwuchs), Abstumpfung des Gefühls und des Temperaments.

Die Keimdüsentätigkeit wird in der Vorpubertät durch das gonadotrope Hormon der Prähypophyse zur Entwicklung und Reife gebracht. Fällt dieses aus, dann bleibt die Keimdrüsenentwicklung auf kindlicher Stufe stehen. Wird das Prähypophysenhormon nur schwach entwickelt, erfolgt eine Verzögerung der Pubertätsentwicklung im Sinne der *puberalen Fettsucht* mit kindlich kleinem Genitale und abnormer Fettanlagerung am ganzen Körper, besonders an Brust und Hüften.

Unter *krankhafter Fettsucht* werden in der Hauptsache das *Cushing*-Syndrom, das Cushingoid und das *Fröhlich*-Syndrom verstanden. Das *Cushing*-Syndrom kann durch Fehlfunktion des Hypophysenvorderlappens, der Nebenniere oder auch ohne sicher lokalisierbare Ursache entstehen und ist durch Vollmondgesicht, die Striae und die erhöhte 17-Ketosteroid-Ausscheidung abgrenzbar. Der echte *M. Fröhlich* ist noch seltener und geht mit einem Zwischenhirnsyndrom, mäßiger Fettsucht, Wachstumshemmung und Hypogonadismus infolge eines Hirntumors einher.

Außerhalb der Streubreite liegende Abweichungen des Körpergewichts von der Norm werden nach Vogt (V 4) relativ häufig festgestellt. Die Fettsucht ist häufiger als die Magersucht.

Nach der Erfahrung von Vogt, Schreier, und K. u. J. Spranger ist die sogenannte Präpubertätsfettsucht zu 90% der Fälle eine Folge von Überfütterung. Bei den restlichen 10% kommen ernste psychische Konflikte oder organische Störungen ursächlich in Frage. Der sichere Beweis, daß es sich um eine Mastfettsucht handelt, läßt sich im Einzelfall nur durch Ausschluß aller anderen Möglichkeiten führen; das ist nicht nur langwierig und für den Patienten lästig, sondern auch ziemlich kostspielig, da auch hier das ganze Arsenal der Endokrinologie und der Stoffwechseldiagnostik herangezogen werden muß.

Kinder, deren Adipositas organisch bedingt ist, z.B. durch entzündliche Prozesse an der Schädelbasis, durch Tumoren im Hypothalamus oder durch einen Morbus Cushing zeigen meist im Vordergrund stehende Symptome, die einen Hinweis auf den Sitz der Krankheit geben. Dazu gehören z.B. stark verminderte Leistungsfähigkeit, Kopfschmerzen, dauernde oder anfallweise Blutdrucksteigerungen, Infektanfälligkeit, Sehstörungen, usw. Einen weiteren sehr wichtigen Hinweis gibt ferner das Somatogramm: Kinder und Jugendliche mit Mastfettsucht sind nämlich in der Regel mindestens normal groß, meist aber sogar ausgesprochen hochwüchsig, während fast alle von Vogt (V 4) bisher beobachteten Fälle von hypothalamischer oder adrenaler Fettsucht kleiner waren, als dem Altersdurchschnitt entspricht.

Die *Magersucht* bei Jugendlichen kann psychisch oder durch eine hypophysär-hypothalamische Erkrankung bedingt sein. Es ist bisher ungeklärt, warum bei schwerer Läsion der Drüsenhypophyse (Adenohypophyse) ebenso wie nach Schädigung im Bereich des Hypothalamus Magersucht entsteht, während in anderen Fällen Fettsucht vorliegt.

Die *Pubertätsstruma* wurde vor dem Kriege für funktionell normal gehalten. Einige Autoren haben den Eindruck, daß in der Nachkriegszeit leichtere Formen von Überfunktion häufiger vorkommen. Im Einzelfall fällt es in einer an Außenreizen überreichen Zeit schwer, neuropathische Reaktionen gegen echte Überfunktionssymptome abzugrenzen.

In der Verteilung der Stuttgarter Kinder fällt zwar auf, daß in der schlechten sportlichen Leistungsgruppe im Unterschied zur guten sportlichen Leistungsgruppe die 3fache Zahl an endokrinen Störungen gefunden wurde, der Unterschied ist aber nicht signifikant.

10. Dysplasien und Störungen der Gesamtentwicklung

Hagen (in C 1) bemerkt, daß Dysplasien als schwere Störungen der gesamten Körperstruktur der Kinder dem Schularzt nur selten begegnen, dafür aber wegen ihrer Schicksalhaftigkeit große Beachtung verdienen. Mongolismus, chondrodystrophische Störungen und Riesenwuchs finden sich unter den untersuchten Stuttgarter Kindern nicht, sondern nur Zwergwuchs und die allgemeine Dysplasie.

Dafür sind die zu Varianten und Störungen der Gesamtentwicklung gehörende Linkshändigkeit und Häufung von Stigmen wesentlich verbreiteter. Hagen (in C 1) steht auf dem Standpunkt, daß die Stigmata von einer gewissen Bedeutung für die Beurteilung konstitutioneller Schäden sind. *„Stigmata weisen darauf hin, daß nicht nur das System, welches das Stigma zeigt, von einer Entwicklungsstörung betroffen ist, sondern daß auch irgendwo anders in der Gesamtkonstitution eine solche Störung vorliegt.“* Hagen zählt 44 Stigmata auf, wie z.B. Vitiligo, Trommelschlegelfinger, Polychromasie (Unterschiedlichkeit der Irisfarben), Überstreckbarkeit von Gelenken, Darwinscher Höcker, hoher Gaumen usw.

Die Verteilung der Stuttgarter Kinder nach Trägern von Dysplasien und Störungen der Gesamtentwicklung und der Zugehörigkeit dieser zu den drei sportlichen Leistungsgruppen ergab einen sehr guten signifikanten Unterschied in der Häufigkeit zwischen den Stigmenträgern der guten und schlechten sportlichen Leistungsgruppe. *Demnach haben auch geringe Störungen der Gesamtentwicklung einen negativen Einfluß auf die sportliche Leistungsfähigkeit.*

Tabelle 11. Dysplasien und Störungen der Gesamtentwicklung

	Gute sp. LG. 118	Mittlere sp. LG. 118	Schlechte sp. LG. 118
Linkshändigkeit	8,47%	6,77%	5,08%
Mehrfache Stigmen	1,69%**	10,16%	12,71%**
Zwergwuchs			2,54%
Allgemeine Dysplasien			0,84%

11. Chronische Allgemeinstörungen

Dazu werden gehäufte Anginen, andere chronische Herderkrankungen, allergische und lymphatische Diathese, rachitische Restzustände, Tuberkulose, Lues und allgemeine Bindegewebsschwäche gezählt. Diese Zusammenstellung ist nach Hagens (in C 1) Interpretation keine systematische, sondern eine praktische. „Sie entspricht der schulärztlichen Feststellung, daß eine Organdiagnose die Allgemeinerkrankungen nicht erfassen läßt."

Unter der allergischen Diathese wird auch die exsudative Diathese verstanden, also die im frühen Kindesalter häufig anzutreffende Krankheitsbereitschaft, gekennzeichnet durch die Neigung der Haut und Schleimhäute, auf mechanische, chemische, bakterielle, aktinische, alimentäre, allergogene Reize mit Exsudationen, Katarrhen oder Entzündungen zu reagieren.

Bei der lymphatischen Diathese findet sich eine Vergrößerung der tastbaren Lymphknoten, eine Hyperplasie der Zungenpapillen, des lymphatischen Rachenrings und eine auffällige Widerstandslosigkeit gegen Infekte.

Auch bei der Rachitis kommt es Hagen darauf an, daß neben den vielleicht nicht sehr auffälligen Organschäden ein deutlicher Rachitisschaden als *Gesamtschädigung der persönlichen Entwicklung* zum Ausdruck kommt. In der Verteilung der Stuttgarter Kinder fällt auf, daß bei den 13 – 14jährigen die allergische (exsudative) Diathese überhaupt nicht mehr erscheint. Signifikante Unterschiede hinsichtlich des Befallenseins von chronischen Allgemeinstörungen ergaben sich zwischen den Angehörigen der verschiedenen sportlichen Leistungsgruppen nicht.

12. Chronische Hautkrankheiten

Die in der Schlüsseltabelle aufgeführten allergischen Dermatosen (Urticaria), Pigmentstörungen, Behaarungsanomalien sowie Mißbildungen und Neubildungen der Haut, wie z. B. Ichthyosis und *Recklinghausensche* Krankheit sind bei den untersuchten Stuttgarter Kindern nicht vertreten.

Es traten keine signifikanten Unterschiede hinsichtlich des Befallenseins von chronischen Hautkrankheiten zwischen den Vertretern der verschiedenen sportlichen Leistungsgruppen auf.

13. Unterleibsbrüche, Narben, Krampfadern, etc.

Leistenbrüche, Krampfadern und Hämorrhoiden, die sich in der Schlüsseltabelle finden, sind bei den untersuchten Stuttgarter Kindern im Ausschulungsalter nicht zu finden.

Ein Häufigkeitsunterschied sehr guter Signifikanz besteht zwischen den Blinddarmnarbenträgern der guten und schlechten sportlichen Leistungsgruppe. Unter den Angehörigen der guten sportlichen Leistungsgruppe befinden sich deutlich weniger Blinddarmoperierte. Wenn die Appendicitis mehr als ein Lymphoidgewebsinfekt und weniger als eine Fremdkörperfolge bei Lage- und Gestaltanomalien des Wurmfortsatzes angesehen wird, gelangt sie möglicherweise in den Formenkreis der lymphatischen Diathese.

Tabelle 12. Narben und Brüche

	Gute sp. LG. 118	Mittlere sp. LG. 118	Schlechte sp. LG. 118
Weiche Leiste		0,84 %	
Schenkelbruch			0,84 %
Rektusdiastase	0,84 %	0,84 %	
Nabelbruch (operationsbedürftig)		0,84 %	
Blinddarmnarbe	3,38 %**	6,77 %	16,10 %**

Es besteht also mit großer Wahrscheinlichkeit eine konträre Abhängigkeit der sportlichen Leistungsfähigkeit im Ausschulungsalter von überstandenen Wurmfortsatzentfernungen.

14. Muskulatur und Bindegewebe

Querg (in A 4) bemerkt, daß die Kraftleistung der Füße vielfach größer ist als die der Hände. Die Ursachen des *Haltungsverfalles der Füße* sind schon in den Kinderjahren zu sehen. Die naturwidrigen Formen unseres Schuhwerks verursachen Stellungsveränderungen der Zehen, Schwielen, Frostbeulen, Hornhaut, Senk- und Spreizfüße und entzündliche Veränderungen.

Aubry (A 7) macht den nicht achsengerechten Gang für die Entstehung von Knick- und Spreizfuß verantwortlich. Von den barfußgehenden Naturvölkern ist bekannt, daß ihre Gangspuren gerade gerichtet, also parallel der Gangrichtung verlaufen. Die Auswärtsstellung der Füße, wie sie von Schuhträgern am meisten geübt wird, ergibt bei jedem Schritt ein Nachinnenknicken. Aus dieser Knickbewegung erfolgt ein Schieben nach außen und nach dem Zehenballen. Bei diesen Bewegungen wirkt nicht nur die Schwere des Körpers auf den Fuß, sondern zusätzlich die lebendige Kraft der bewegten Masse. Unter dem starken Druck preßt diese Knick- und Schiebebewegung das Quergewölbe stark auseinander und erzeugt den Spreizfuß. Längliche Randschwielen an der Großzehe und Clavi auf der Kleinzehe neben Schwielen unter den Zehenballen sind meist der sichtbare Ausdruck dieses Gehens.

Schede (S 3) weist darauf hin, daß der Fuß nicht in sich stabil ist, sondern gegen die Schwerkraft gehalten und bewegt werden muß. Der Fuß kann durch Muskelkraft aufgerichtet werden und sinkt in eine Ruhestellung, wenn die aufrichtenden Kräfte ausgeschaltet sind. Wird der Fuß insuffizient, so zerfällt seine Haltung in der gleichen Weise und aus den gleichen Ursachen wie die der Wirbelsäule. Die Senkungsvorgänge am Fuß und an der Wirbelsäule sind meist so eng miteinander verknüpft, daß wir sie als Symptome eines allgemeinen Schwächezustandes werten müssen.

Die Bandverbindungen der Teile des medialen Fußstrahls (Sprungbein, Kahnbein, Keilbeine, Mittelfußknochen 1–3 und zugehörige Zehen) sind weniger straff ausgebildet als die des lateralen Strahls (Fersenbein, Würfelbein, Mittelfußknochen 4 u. 5 und zugehörige Zehen). Insbesondere haben wir zwischen Sprungbeinknopf, Kahnbein und 1. Mittelfußknochen nur sehr lose Bandverbindungen, die zu einer großen Beweglichkeit, aber geringen Standfestigkeit führen. Die Verbindung des vorderen medialen Stützpunktes (des Großzehenballens) zum Fersenbein und Sprungbein wird mehr durch Muskeln als durch aktive Haltevorrichtungen hergestellt. Indem die Stabilität des Fußes von der Muskelkraft abhängig gemacht wird, wird sie auch abhängig von dem Ermüden oder Versagen der Muskeln.

Schede (S 3) betont, daß die natürliche Aufgabe unseres Fußes nicht das Tragen sondern das Bewegen der Körperlast ist. Das Abrollen des Fußes ist von größter Bedeutung für den Schritt. Es fördert den Schritt, indem es ihn verlängert und ein Vorwärtsschnellen des Körpers bewirkt; Voraussetzung für das Abrollen des Fußes ist die Festigkeit des Fußes. Von dem Augenblick an, wo sich die Schwerlinie der Fußspitze nähert, bis zur Ablösung des Fußes vom Boden muß er in sich geschlossen in voller Aufrichtung stehen, insbesondere ist die *Standfestigkeit des vorderen medialen Stützpunktes* unerläßlich. *Deshalb sind Menschen, die ihren Fuß nicht mehr aufrichten und in sich feststellen können, also keinen fördernden Gang haben, schlechte Läufer und Springer.* Menschen mit schweren Plattfüßen gehen ohne Abrollen wie Stelzengänger. Alle

Kraft des großen Wadenmuskels ist nicht imstande, den Fuß auf die Spitze zu heben, wenn er in sich durchknickt. Die Festigung des Fußes im Moment des Abrollens erfolgt durch gemeinsame Arbeit aller aufrichtenden Muskeln, insbesondere der Zehenmuskeln. Das zivilisierte Leben erschwert dem Fuß die Erfüllung dieser Aufgaben von frühester Kindheit an.

Bei der zusammengefaßten Verteilung der Stuttgarter Kinder im Ausschulungsalter nach Fehlern und Erkrankungen der Muskulatur und des Bindegewebes einerseits und nach sportlichen Leistungsgruppen andererseits wurde zwischen den mit Fußschäden Behafteten der guten und schlechten sportlichen Leistungsgruppe ein Unterschied sehr guter Signifikanz vorgefunden. In der differenzierten Verteilung bestand ein Unterschied ausreichender Signifikanz in dem Anteil der Knickfußbehafteten der guten und schlechten sportlichen Leistungsgruppe.

Tabelle 13. Zusammengefaßte Fehler und Erkrankungen der Muskulatur und des Bindegewebes.

	Gute sp. LG. 118	Mittlere sp. LG. 118	Schlechte sp. LG. 118
Fußschäden	30,50 % **	42,30 %	49,15 % **
Sonstige Schäden	2,54 %	3,38 %	2,54 %

Mit großer Wahrscheinlichkeit besteht also eine konträre Abhängigkeit der sportlichen Leistungsfähigkeit von Fußschäden. Der Knickfuß erweist sich in diesem Zusammenhang als besonders bedeutungsvoll.

15. Haltung

Fritschke (F 6) macht die abnorm tiefe Ruhehaltung der WS für den Haltungsverfall verantwortlich.

Groh (G 9) definiert die Haltung des Menschen als Ergebnis des Kampfes zwischen aktiver Aufrichtung durch die Muskelkräfte und passiver Verformung durch die Schwerkraft. Bei Überwiegen der Schwerkraft durch statische Überlastung oder Versagen der Muskelkräfte kommt es zum Haltungsfehler oder zum Haltungsverfall. Die Wirbelsäule sinkt verformend in sich zum totalen Rundrücken oder zum Hohlrundrücken zusammen. Die Folgen sind erschlaffte Bauchdecken, spannungslose Gesäßmuskeln, ein nach vorn herabhängender Schultergürtel, kontrakte und verkürzte Brustmuskeln, abstehende Schultern, verhinderte tiefe Einatmung und reduzierte Ausatmung.

Jede Haltungsschwäche bedeutet nach Groh (G 9) mangelnde Kraftreserve. Haltungsfehler sind immer als Ausdruck einer durchgehenden Erschlaffung der Gesamtfasern der jugendlichen Gewebe zu werten. Der Haltungsverfall bedeutet Versagen der aktiven und passiven Aufrichtekräfte.

Groh sieht die wesentliche Ursache, wahrscheinlich die Hauptursache aller Entwicklungsschäden, in der Bewegungsarmut unserer Zivilisation. „Alle Jugend leidet unter statischer Überbelastung bei Fehlen der dynamischen Beanspruchung."

Krankhafte Haltungen sind solche, die auch bei Entlastung unverändert bestehen bleiben. Die echte Kyphose beruht auf einer dauernden Formveränderung der Zwischenwirbelscheiben oder der Wirbel selbst. Die typische erworbene Skoliose beruht immer auf einer Erkrankung der WS. Sie ist wegen ihrer Neigung zur Progredienz bis zur völligen Verkrüppelung ein sozialhygienisches Problem. Sie entsteht auf Grund einer krankhaften Erweichung des Wirbels in den ersten drei Lebensjahren.

Obwohl bei den zusammengefaßten Haltungsvarianten der untersuchten Stuttgarter Kinder im Ausschulungsalter die Jugendlichen mit guter Haltung prozentual am stärksten in der guten sportlichen Leistungsgruppe, die mit krankhafter Haltung in der schlechten sportlichen Leistungsgruppe vertreten waren, konnten keine signifikanten Unterschiede errechnet werden.

In der differenzierten Verteilung fand sich dagegen ein Unterschied ausreichender Signifikanz zwischen der guten sportlichen Leistungsgruppe einerseits und der mittleren und schlechten sportlichen Leistungsgruppe andererseits, indem in der guten sportlichen Leistungsgruppe Jugendliche mit schlechter rundrückiger Haltung nicht vertreten waren.

Tabelle 14. Haltung

	Gute sp. LG. 118	Mittlere sp. LG. 118	Schlechte sp. LG. 118
Gute Haltung, straff	4,23 %	4,23 %	3,38 %
Gute Haltung, locker	33,05 %	28,81 %	27,96 %
Schlechte Haltung, flachrückig	1,69 %	2,54 %	4,23 %
Schlechte Haltung, rundrückig		5,93 % *	5,93 % *

	Gute sp. LG. 118	Mittlere sp. LG. 118	Schlechte sp. LG. 118
Schlechte Haltung, lordotisch	13,55 %	8,47 %	8,47 %
Unsichere Haltung, mobile Skoliose	46,61 %	49,15 %	46,61 %
Krankhafte Haltung, (Kyphose)			0,84 %
Krankhafte Haltung, (fixe Skoliose)	0,84 %	0,84 %	0,84 %
Andere fixe Haltungsschäden			1,69 %

16. Skelettfehler und -erkrankungen.

Unter den in dieser Fehlergruppe aufgeführten Veränderungen fehlen bei den Stuttgarter untersuchten Jugendlichen solche mit Teilverlust von Gliedern, Schädeldeformierungen und Luxationen.

Wenn auch 10 % der Angehörigen der schlechten sportlichen Leistungsgruppe und weniger als 1 % der mittleren und guten sportlichen Leistungsgruppe an einem Skelettfehler leiden, ergaben sich keine signifikanten Unterschiede zwischen der Häufigkeit der einzelnen Fehler bei den verschiedenen sportlichen Leistungsgruppen.

17. Erkrankungen des Lymphsystems und Blutes

Bei den untersuchten Stuttgarter Jugendlichen fehlten echte Anämien, Leukämien, Lymphogranulome und Elephantiasis. Auffallend ist, daß unspezifische Drüsenschwellungen bei den Angehörigen der guten sportlichen Leistungsgruppe prozentual am häufigsten vertreten sind. Graser (in C 1) nimmt an, daß die Zunahme unspezifischer Lymphdrüsenschwellungen in der Infekthäufung ihren Grund hat. Unter unspezifischer Drüsenschwellung ist die akute Lymphadenitis zu verstehen, das rasche Anschwellen einer oder mehrerer Lymphknoten des betreffenden Quellgebietes bis zur Walnußgröße. Retropharyngeale und tiefe seitliche und hintere Zervikaldrüsen haben ihr Quellgebiet im Nasopharynx und Mittelohr, submentale und anguläre Drüsen in der Mundhöhle, vordere Zervikaldrüsen in den Gaumentonsillen, Aurikulardrüsen im Gehörgang. Sie bilden sich nach mehrwöchigem Schwellungszustand langsam zurück.

Die Neigung zu solchen unspezifischen Infekten der Nebenhöhlen, der oberen und mittleren Luftwege war bei den Angehörigen der guten sportlichen Leistungsgruppe auffällig, jedoch nicht signifikant gesteigert. Eine Erklärung bietet wohl nur die unbekümmerte Exposition dieser Gruppe gegenüber Infekten und Insulten.

Tabelle 15. Fehler und Erkrankungen des Lymphsystems

	Gute sp. LG. 118	Mittlere sp. LG. 118	Schlechte sp. LG. 118
Unspezifische Drüsenschwellungen	18,64%	16,10%	10,16%
Drüsentuberkulose		0,84%	0,84%

18. Fehler und Erkrankungen der Nase und Mundhöhle

Diese Verteilung scheint der vorigen, die den deutlichen aber nicht signifikanten Anteil der guten sportlichen Leistungsgruppe an unspezifischen Drüsenschwellungen erkennen läßt, zu widersprechen. Während es sich aber bei den unspezifischen um akute und subakute Krankheitsabläufe handelt, sind hier die chronisch-rezidivierenden Gaumen- und Rachenmandelentzündungen gemeint, die in deutlicher Wechselbeziehung zur exsudativen und lymphatischen Diathese und Gaumenmandelhyperplasie stehen.

Hyperplastische Rachenmandeln sind die häufigsten Ursachen einer behinderten Nasenatmung. Als Teil des *Waldeyer*schen Rachenringes, der nach der Pubertät der Involution anheimfällt, ist bei Kindern und Jugendlichen ein kryptenreiches Polster lymphatischen Gewebes am Rachendach ein normaler Befund. Unter bestimmten Voraussetzungen, deren wesentlichste ein konstitutioneller Faktor ist, ist die Rachenmandel (oft zugleich mit Gaumenmandel) vergrößert und häufig Sitz eines nicht zur Ruhe kommenden Entzündungsherdes. Nach Tonndorf und Fleischer (in A 4) führt die Vergrößerung der Rachenmandel durch Verlegung der Choanen und deren Entzündung durch Ausbreitung von Schwellungszuständen auf die Nasenschleimhaut zur chronisch behinderten Nasenatmung sowie oft zu Entzündungserscheinungen an Ohren, Rachen und Nebenhöhlen. Damit treten die nachteiligen Folgen in aller Stärke beim jugendlichen, in der Entwicklung begriffenen Organismus in Erscheinung. In krassen Fällen wächst ein geistig und körperlich leistungsschwacher, stets etwas schläfriger, in seiner Haltung mangelhafter Mensch heran.

Frey (in G 10) betont ebenfalls, daß behinderte Nasenatmung die Ursache eines chronischen Katarrhs der oberen Luftwege sein kann. Behinderte Nasenatmung und chronischer Katarrh können ein Grund für schlechte Leistungen sein. Zusammenfassend weist er darauf hin, daß im Bereich der Kopforgane in erster Linie das Problem der Herdinfektion zu beachten ist. Die sportärztliche Erfahrung lehrt, daß Fokalinfekte mit Leistungssport nicht vereinbar sind.

Die chirurgisch behandelten und nichtbehandelten Wucherungen der Gaumen- und Rachenmandeln waren mit ausreichender Signifikanz bei den Stuttgarter Jugendlichen der schlechten sportlichen Leistungsgruppe häufiger anzutreffen als bei der guten sportlichen Leistungsgruppe. In der differenzierten Aufstellung fanden sich keine zu sichernden Unterschiede.

Tabelle 16. Fehler und Erkrankungen der Nase und Mundhöhle

	Gute sp. LG. 118	Mittlere sp. LG. 118	Schlechte sp. LG. 118
Tonsillenvergrößerung ohne Krankheitserscheinung	6,77%	11,86%	13,55%
Tonsillenvergrößerung mit Krankheitserscheinung	5,93%	2,54%	5,08%
Teileingriffe an Tonsillen u. Adenoiden	9,32%	17,79%	11,86%
Zustand nach Tonsillektomie	11,01%	16.10%	20,33%

Mit mittelgroßer Wahrscheinlichkeit besteht also eine konträre Abhängigkeit der körperlichen Leistungsfähigkeit von Wucherungen und chronischen Entzündungen der Gaumen- und Rachenmandeln.

19. Fehler und Erkrankungen von Herz und Kreislauf

a) *Kreislauf und Entwicklung*

Mellerowicz (M 11) betont, daß sich nicht nur äußerlich in den Durchgangsphasen vom neutralen Kindesalter zum geschlechtlich differenzierten Erwachsenen alle möglichen Disharmonien finden. Auch funktionell sind sie durch das verschiedene Wachstumstempo der Organe gegeben. Nach dem 13. Lebensjahr nimmt die Körpergröße noch durchschnittlich bis zum 1,2 fachen zu, das Körpergewicht bis zum 1,4 fachen, das Herzgewicht jedoch bis zum 1,9 fachen. Die

Hauptleistung des Längenwachstums liegt also *vor der Entwicklung des Herzmuskels*. Die größte Zunahme des *Herzvolumens* findet bei Mädchen im 11., bei Buben im 14. Lebensjahr statt. Die größte Zunahme des *Herzgewichts* liegt bei den Mädchen aber im 13. bis 14., bei den Buben erst im 16. bis 17. Lebensjahr. Zwischen Weite und Wandstärke des Herzens in der Reifezeit besteht eine gewisse Inkongruenz. Kirchhoff, Reindell und Hauswaldt (K 5) schließen aus ihren Untersuchungen, daß die Kreislaufregulation des Kindes im Arbeitsversuch durch ein langsameres Erreichen der steadystate-Werte *), stärkere Schwankungen der Pulsfrequenz im steadystate und eine verlängerte Erholungsphase charakterisiert ist. Trotz dieser mangelnden Regulationsfähigkeit ist das *Leistungsvermögen des Kindes* dadurch relativ groß, weil das Kind in der Lage ist, höhere Pulsfrequenzzahlen sowohl unter steadystate als auch unter vitamaxima Bedingungen zu erreichen. Die Reserven, die dem kindlichen Kreislauf von seiten seiner Pulsfrequenz zur Verfügung stehen, erlauben es dem Kinde, trotz stärkerer Schwankungen Wattleistungen zu vollbringen, die, wie vergleichende Untersuchungen über die *Pulsfrequenz* beim Erwachsenen und Kind gezeigt haben, beim Erwachsenen zu einem wesentlich früheren Arbeitsabbruch führen würden. Dennoch konnten auch bei Kindern unterschiedlichen Entwicklungszustandes Abweichungen im Leistungsvermögen nachgewiesen werden. Es kam bei Kindern mit stärkerer Pulslabilität früher zum Arbeitsabbruch als bei sportlich geübten Kindern. Besonders bei Kindern in der Pubertät bestand häufig eine stärkere Pulslabilität. Im allgemeinen entspricht die Herzfrequenz des Jugendalters der des Erwachsenenalters.

Aus dem Verhalten des systolischen und des diastolischen *Blutdrucks* lassen sich wichtige Hinweise über die Regulationsökonomie des Kreislaufs ableiten. Das junge Kind ist bestrebt, bei Belastung seine Blutdrucklage möglichst niedrig zu halten. Erst in der Pubertät kommt es zu teilweise starken Blutdruckanstiegen, besonders des systolischen Wertes und zur stärkeren Erweiterung der Blutdruckamplitude. Wenn diese auch nur bedingt als Maß des Schlagvolumens angesehen werden kann, so erscheint doch die Folgerung berechtigt, daß das Kind noch nicht in der Lage ist, sich einer erhöhten Arbeitsanforderung durch stärkere Schlagvolumenvergrößerung anzupassen. Die bei Kindern nachgewiesene stärkere Pulsfrequenzsteigerung ist daher als physiologischer Anpassungsmechanismus zu werten. Erst in der *Pubertät* kann ein *größeres Schlagvolumen* erfolgen, worauf die in diesem Zeitabschnitt nachgewiesene stärkere *Erweiterung der Blutdruckamplitude* und die erwähnte sprunghafte Steigerung der Herzvolumenwerte hinweisen.

---

*) relativer steadystate nach Bengtson als Gleichgewichtszustand zwischen Dauerbelastung, Kreislaufverhalten und Sauerstoffverbrauch.

Kirchhoff, Reindell und Hauswaldt konnten Herzvolumina von über 900 – 1 000 ccm ermitteln, die damit über den Mittelwerten gesunder Erwachsener mit 730 ccm gelegen sind. Die Anpassungsbreite des Kreislaufs in der Pubertät erreicht optimale Bedingungen. Die in Einzelbeobachtungen aufgezeigten stärkeren Blutdrucksteigerungen in der Pubertätsphase bei erhöhter Pulsfrequenz sind andererseits Ausdruck einer hypertonen Regulationsstörung des Kreislaufs. Ihr ist deshalb besondere Beachtung zu widmen, weil eine derartige Kreislaufregulationsstörung im Erwachsenenalter oft Schrittmacher organischer Dauerfolgen sein kann.

Als geeignetes Maß zur Feststellung der Leistungsbreite des Kreislaufs hat sich die Bestimmung des *Sauerstoffaequivalentes* erwiesen, einer Größe, die wesentlich von Schlagvolumen des Herzens und der arteriovenösen Sauerstoffdifferenz des Blutes bestimmt wird. Das Sauerstoffaequivalent erlaubt Hinweise auf die Transportleistung des Kreislaufs. Die Untersuchungen ergaben, daß das Kind etwa 1/3 weniger Sauerstoff zu transportieren in der Lage ist als der Erwachsene. In der Pubertät besteht die Möglichkeit, höhere Sauerstoffmengen zu transportieren. Die sprunghafte Erweiterung der Blutdruckamplitude, die relativ großen Herzvolumina im Verein mit den hohen Sauerstoffaequivalentwerten sind Ausdruck dafür, daß in diesem Entwicklungsabschnitt das Schlagvolumen des Herzens eine besondere Steigerung erfährt.

Reindell und Mitarbeiter (R 4) führten zur Beurteilung der Größe und Leistungsfähigkeit des Herzens von Normalpersonen große Reihenuntersuchungen durch. Unter anderem wurden als untrainierte Normalpersonen 450 Jungen und Mädchen im Alter von 8 – 19 Jahren untersucht. Bei jedem Untersuchten setzte Reindell die Größe des Herzvolumens in Beziehung zum Körpergewicht und erhielt dadurch die Größe des „relativen Herzvolumens". Für die Leistungsfähigkeit eines Menschen ist das Verhältnis von Herzgröße zum Körpergewicht entscheidend.

Die *Herzgröße* steigt vom *10. bis 20. Lebensjahr* etwa linear an. Bei Betrachtung der Mittelwerte kommt es pro Jahr zu einer Vergrößerung des Herzens von etwa 50 ccm; vom 20. bis 60. Lebensjahr bleibt das Herzvolumen ungefähr gleich und beträgt etwa 800 ccm. Bezüglich der Herzgröße sind die Geschlechtsunterschiede in der Kindheit gering, sie betragen bei Zehnjährigen etwa 50 ccm, entsprechend etwa 8 %, bei 20 bis 30jährigen jedoch über 200 ccm, entsprechend etwa 25 %.

Wird nicht nur die absolute Herzgröße betrachtet, sondern das Herzvolumen in Relation zum Körpergewicht („das relative Herzvolumen"), dann wird deutlich, daß bei männlichen Jugendlichen und Erwachsenen vom 10. – 30. Lebensjahr der Quotient Herzvolumen/Körpergewicht im wesentlichen gleich bleibt, d. h. bis zum 30. Lebensjahr erfährt das Herz im Vergleich zum Körperwachstum die gleiche Größenzunahme.

Untersuchungen an Jugendlichen *nach Wettkämpfen* haben gezeigt, daß durchweg bis weit in die Erholungsphase hinein *Pulsbescheunigungen* nachweisbar sind, wie sie bei Erwachsenen im mittleren Lebensalter nicht beobachtet werden. Eine Sauerstoffschuld, die Ursache dieser Pulsbeschleunigung sein könnte, besteht zu diesem Zeitpunkt der Erholungsphase nicht mehr. Außerdem lassen sich nicht selten im EKG Senkungen von ST nachweisen. Eine wesentliche Ursache für solche Tachykardien und EKG-Veränderungen ist die veränderte Ausgangslage und Reaktionslage des vegetativen Nervensystems der Pubertäts- und Nachpubertätszeit mit der Neigung zur Dysregulation. Hinzu kommt, daß sich das vegetative Nervensystem Jugendlicher nach körperlicher Belastung nicht so schnell erholt wie das von Erwachsenen; daraus resultiert die Bereitschaft zu einer vorzeitigen nervösen Erschöpfung, die häufig eine Fehlsteuerung der Kreislaufregulation zur Folge hat. Reindell fordert, daß beim Schulsport der Unterricht nicht mit Klassenverbänden, sondern mit zu Leistungsstufen zusammengefaßten Kindern erfolgen soll.

Eine besondere Gefährdung des Jugendlichen durch intensiven Sport besteht beim Vorliegen einer, *hypertonen Regulationsstörung des Kreislaufs*, die ohne Beschwerden und Leistungsverminderung einhergehen kann.

Bleiben solche Regulationsstörungen unerkannt, dann tritt die Gefahr eines vorzeitigen Verschleißes des Gefäßsystems ein.

Mellerowicz und Lerche (M 10) belasteten 220 männliche Jugendliche im Alter von 10–19 Jahren, die untrainiert und kreislaufgesund waren, in Stufen mit 1 Watt und 2 Watt/kg Körpergewicht. Für einen leistungsschwachen Kreislauf sprechen nach ihren Feststellungen Herzschlagfrequenzen, die 6 Minuten nach Beendigung einer Leistung von 1 bzw. 2 Watt/kg Körpergewicht größer sind als 168/Min. bzw. 188/Min. Für einen leistungsstarken Kreislauf sind nach den gleichen Belastungen Herzschlagfrequenzen kennzeichnend, die kleiner sind als 132/Min. bzw. 155/Min.

Außerdem spricht für einen leistungsschwachen Kreislauf, wenn nach einer 6 minütigen Erholungszeit nach Beendigung der Leistung Herzschlagfrequenzen von mehr als 98/Min. bzw. 108/Min. auftreten. Für einen leistungsstarken Kreislauf sprechen Frequenzen, die kleiner sind als 72/Min. bzw. 78/Min.

Nach Prokop (in G 10) resultiert die verringerte Leistungsfähigkeit mancher Jugendlicher aus der dem Jugendalter eigentümlichen mangelnden Anpassungsbreite und seine zwar rasch erreichbare, aber nur kurz anhaltende Adaptation. Die verringerte Anpassungsbreite kommt durch den geringen Spielraum zwischen sympathikotoner Ruhelage des Jugendlichen und dem sympathikotonen Maximaltonus (individuelle Leistungsgrenze) zustande. Die vagotone trophotrope Wirkung des Trainings ist beim jugendlichen Kreislauf auffallend wenig ausgeprägt.

Schmidt-Voigt (S 5) weist auf die Gefahren einer bleibenden Herzschädigung bei vorzeitiger körperlicher und seelischer Überbelastung von Akzelerierten hin. Bei Jugendlichen mit einseitig bevorzugter Beschleunigung des Längenwachstums fanden sich im *Ruhe-EKG* Auffälligkeiten, die als „Wesenszüge im EKG des akzelerierten Jugendlichen" beschrieben werden. Sie deuten auf eine Tonussteigerung im vegetativen Nervensystem hin und haben durchaus keine pathologische Bedeutung. Um so aufschlußreicher ist das Ergebnis der EKG-Untersuchung dieser Jugendlichen im Stehen. Das *Steh-EKG* erfährt meist schon nach wenigen Minuten hochgradige Veränderungen als Folge funktionell orthostatischer Regulationsstörungen im Bereich des peripheren Kreislaufs. Sie sind Ausdruck einer vorübergehenden Hypoxie der Herzmuskulatur. Diese Befunde zeigen erneut, daß es sich bei den Frühentwickelten um Kinder mit einer besonders gesteigerten neurovegetativen Labilität handelt. Auf die Gefahren einer bleibenden Herzschädigung („Kombinierte Myokardschädigung") bei vorzeitiger körperlicher und seelischer Überbelastung von Akzelerierten wird nachdrücklich hingewiesen.

b) *Orthostatische Störungen*

G. Mansfeld (M4) stellt bei Kreislaufprüfungen im Schulalter unter einfachen Bedingungen bei 400 Stuttgarter Kindern fest, daß etwa *im Alter von 10 Jahren* der Wert des systolischen Ruheblutdrucks insbesondere bei den Mädchen langsam ansteigt. Die Akzelerierten erreichen früher höhere Werte als das Kollektiv. Anscheinend besteht auch bereits in diesem Alter eine höhere Kreislauflage der athletischen Körperbautypen.

Ein Vergleich der Ruhewerte zu Beginn der Untersuchung mit denjenigen nach dem *Stehversuch* zeigt bei über 50% der Kinder noch 3 – 5 Min. nach dem ersten Hinlegen niedrigere Werte als zu Beginn. Nur 23% haben ihren tiefsten Wert vor Beginn des Stehversuchs und dann häufig bei der Sofortmessung. Im übrigen wird der niedrigste der ersten Ruhewerte meist nach 5 Min. erreicht. Während des Stehversuchs zeigt sich in zahlreichen Fällen eine Neigung zur orthostatischen Reaktion, die mit und ohne subjektive Beschwerden auftreten kann.

Wegen der Häufigkeit der orthostatischen Reaktionen im Jugendalter sind in der nachfolgenden Verteilung nur die ausgeprägten Formen aufgeführt.

c) *Funktionelle Herzstörungen*

Unter funktionellen Herzstörungen werden eine Reihe auf das Herz hinweisende Beschwerden bezeichnet, die keine anatomische Grundlage haben. Sie treten sowohl als Teilerscheinung einer angeborenen Übererregbarkeit und raschen Erschöpfbarkeit, der konstitutionellen Nervosität oder Neuropathie auf, als auch als Organneurose, einem mehr selbständigen Leiden bei im übrigen Nervengesunden. Die Beschwerden sind in erster Linie Herzklopfen, ferner das Gefühl des Aussetzens der Herzaktion, des Druckes auf die Brust, der Beklemmung, zeitweiliger Atemnot; außerdem treten mitunter Schmerzen und Stiche in der Herzgegend auf, die mit einem Angstgefühl verknüpft sind. Objektiv finden sich in einem Teil der Fälle Pulsbeschleunigung, oft sicht- und fühlbar verstärkte Herzaktion mit erschütterndem, niemals hebendem Spitzenstoß, nicht selten ventrikuläre Extrasystolen, während andere Arten von Arrhythmien nicht zum Krankheitsbild gehören. Zu den Ursachen gehören, abgesehen von der disponierenden neuropathischen Konstitution oder der erworbenen Neurasthenie, als auslösende Faktoren vor allem psychische Erregungen, geistige Überanstrengung und körperliche Übermüdung.

Reindell (R 3) weist auf die häufig auftretende Schwierigkeit hin, differentialdiagnostisch zwischen Herzbeschwerden als Folge von Regulationsstörungen oder als Folge von organischen Erkrankungen zu unterscheiden. Für eine organische Erkrankung spricht das Auftreten von Herzschmerzen während oder nach größerer körperlicher Belastung. Herzschmerzen, die bei Menschen unter 40 Jahren vorübergehend vor dem Einschlafen, nach Aufwachen oder auch tagsüber verspürt werden, jedoch während sportlicher Tätigkeit oder einer längeren Wanderung verschwinden, sind meist funktioneller Natur.

d) *Blutdrucksteigerung, Blutdruckerniedrigung*

Hochrein (H 10) kritisiert die Laienauffassung, daß auf Grund des *Blutdruckverhaltens* 2 Leistungstypen zu unterscheiden sind, der „Hochleistungsmensch“ und der „Mauerblümchentyp“.

Ebensowenig gültig wie die Meinung, daß hoher Blutdruck Ausdruck für eine besonders gute Herzleistung sei, ist die häufig vertretene Auffassung, daß niedriger Blutdruck gleichbedeutend mit Herzschwäche sei. Entscheidend für die körperliche und geistige Leistung eines Menschen ist die funktionelle Leistung des Kreislaufapparates. Im Interesse eines harmonischen Zusammenspiels von Herzarbeit und Blutverteilung im Gefäßsystem wird bei dem einen Menschen eine höhere, bei dem anderen Menschen eine niedrigere Kompression benötigt.

Eine dauernde Hypertonie wird bei Jugendlichen gelegentlich familiär beobachtet, sonst hauptsächlich bei innersekretorischen Störungen und Nierenleiden.

Hypertone Regulationsstörungen zeichnen sich durch eine überschließende Blutdrucksteigerung nach Belastung aus (R 3). Bei einem Teil der Regulationsgestörten ist auch die Pulsfrequenz erhöht. „Im allgemeinen ist die Leistungsfähigkeit solcher Personen herabgesetzt, bei Jugendlichen dagegen ist oft ein erstaunliches Leistungsvermögen vorhanden."

Rutenfranz (in H 6) hält systolische Werte ab 130 mm Hg und diastolische Werte ab 90 mm Hg im Alter von 14 – 16 Jahren für einer Hypertonie verdächtig. Er hält es für außerordentlich gefährlich, die Hypertonie beim Jugendlichen als einen Befund ohne Krankheitswert zu deklassieren. Als Ursache von pathologischen Erhöhungen des systolischen und diastolischen Blutdrucks im Jugendalter nennt er die Glomerulonephritis, Nierenmißbildungen, Aortenisthmusstenose, *Cushing*-Syndrom und Pläochromatose. Krankheitsbilder mit systolischer Blutdruckerhöhung und diastolischer Blutdruckerniedrigung sind: Hyperthyreose, Aorteninsuffizienz und alle ins Gewicht fallenden arteriovenösen Anastomosen, wie ein offener Ductus Botalli.

Dauernde Hypotonie wird in der Regel bei Leptosomen mit schmalem, flachem Thorax, Hautblässe, schlaffer Haut und Muskulatur, mangelndem Fettpolster und oft vorzeitig gealtertem Aussehen gefunden.

Reindell (R 3) findet bei einem Teil der hypotonen Regulationsstörungen niedrige Blutdruckwerte schon in Ruhe. Er hält systolische Ruhewerte unter 100 mm Hg für krankhaft. Bei Werten unter 110 mm Hg systolisch kann nur dann von einer Regulationsstörung gesprochen werden, wenn entsprechende Beschwerden bestehen, wie z. B. abnorme körperliche und geistige Ermüdbarkeit, Schmerzen im Hinterkopf, Neigung zu Schwindel und Ohnmachten, großes Schlafbedürfnis.

e) *Periphere Kreislaufstörungen, Akrocyanose*

Darunter werden speziell die Gefäßneurosen verstanden, die sich durch Eigentümlichkeiten der Hautbeschaffenheit und -reaktion äußern. In erster Linie sind das die peripheren Durchblutungsstörungen in Form kalter Hände und Füße und der Akrocyanose, dann die Neigung zu starkem Schwitzen, häufigem Erröten und Erblassen, Dermographismus und die vasomotorisch-trophischen Neurosen, wie Quinckesches Oedem.

f) *Stuttgarter Ergebnisse*

Bei den untersuchten Stuttgarter Jugendlichen im Ausschulungsalter wurden keine Lage- und Formveränderungen des Herzens und keine toxischen Herzmuskelstörungen festgestellt. Die Zusammenfassung innerhalb der Verteilung nach organischen und vorwiegend funktionellen Herz- und Kreislaufstörungen und -erkrankungen ergab einen Unterschied sehr guter Signifikanz zwischen den Vertretern der guten und schlechten sportlichen Leistungsgruppe. Die differenzierte Verteilung ergab einen ausreichend signifikanten Unterschied zwischen der guten und schlechten sportlichen Leistungsgruppe hinsichtlich der Blutdrucksteigerung.

Mit großer Wahrscheinlichkeit besteht also im Ausschulungsalter eine konträre, teilweise Abhängigkeit sportlicher Leistungsfähigkeit von vorwiegend funktionellen Herz- und Kreislaufstörungen; mit mittelgroßer Wahrscheinlichkeit besteht dieselbe Abhängigkeit speziell von der Blutdrucksteigerung.

Tabelle 17a. Herzschäden und Kreislaufstörungen

	Gute sp. LG. 118	Mittlere sp. LG. 118	Schlechte sp. LG. 118
Periphere Kreislaufstörung, Akrocyanose	0,84%	0,84%	5,08%
Angeborene, organische Herzfehler	0,84%		
Erworbene, organische Herzfehler		0,84%	
Funktionelle Herzstörungen	4,23%	11,01%	5,93%
Blutdrucksteigerung	1,69%*	3,38%	6,77%*
Blutdruckerniedrigung	0,84%		2,54%
Orthostatische Störungen	12,71%	12,71%	21,18%

Tabelle 17b. Zusammengefaßte Herz- und Kreislaufstörungen

Vorwiegend funktionelle Herz- u. Kreislaufstörungen	20,2%**	27,9%	41,5%**
Herzfehler	0,8%	0,8%	

Die vom 10. Lebensjahr an alljährlich bei den Kindern der deutschen Längsschnittuntersuchungen durchgeführten *Schellongschen Funktionsproben* wurden von G. Mansfeld ausgewertet (M5). Den Untersuchern war klar, daß es sich um keine Leistungsprobe, sondern um eine Erfassung der jeweiligen funktionellen Anpassung an die Steh- und Steigbelastung handelte. Es wurden der Anteil hoher Blutdruckwerte bei verschiedenen Untergruppen der Untersuchten, die arithmetischen Mittelwerte des systolischen und diastolischen Ruheblutdruckes, der Zeitpunkt der niedrigsten Ruhewerte des systolischen

Blutdrucks, die Mittelwerte des systolischen Blutdrucks nach der Belastung, das Amplitudenverhalten im Stehversuch und die Mittelwerte des Pulses während der Funktionsprobe genau erfaßt. Lang (in M5) erschien zur Deutung von Gruppenreaktionen der einfache Vergleich der ermittelten Grunddaten nicht ausreichend. Er suchte nach einem geeigneten Index, der der Auswertung zugrunde gelegt werden konnte und fand diesen im Amplitudenfrequenzprodukt, das in einer indirekten Beziehung zum Herzschlagvolumen stehen soll. Der Vergleich des Amplitudenfrequenzproduktes an den verschiedenen Stationen des Schellongschen Versuches sollte als Symbol der funktionellen Reagibilität des Kreislaufs dienen. Lang konnte dann feststellen, daß sich bei Mädchen im Alter von 9,5 – 14,7 Jahren und bei Knaben im Alter von 10,3 – 15,3 Jahren eine Verkleinerung des Amplitudenfrequenzprodukts nach 8 Minuten Stehbelastung herausbildet. Nach der Arbeitsbelastung fand sich ein kontinuierlicher Anstieg des Amplitudenfrequenzprodukts bis zum Ende der Pubertätsentwicklung. Bei den Mädchen war dieser Anstieg steiler, woraus Lang eine in diesem Alter geringe Fähigkeit der Mädchen folgerte, körperliche Belastung seitens des Kreislaufs regulativ abzufangen.

Der Verlauf der systolischen Blutdruckkurve der einzelnen Probanden wurde mit Hilfe eines von G. Mansfeld gefertigten Passepartouts geprüft; auf diesem waren u. a. die Grenzwerte der Perzentilverteilung der 20 % des Kollektivs mit hoch verlaufender systolischer Blutdruckkurve, der 60 % des Kollektivs mit mittelhoch verlaufender systolischer Blutdruckkurve und der 20 % des Kollektivs mit niedrig verlaufender Blutdruckkurve für das Alter von 10 – 15 Jahren und die beiden Geschlechter verzeichnet. Ein Vergleich der individuellen Kurve mit dem Passepartout erfolgte an 4 kritischen Zeitpunkten: nach 5 Minuten Ruhe, nach 4 Minuten Stehen, nach 8 Minuten Stehen und sofort nach der Steigbelastung. (Abb. 5)

Tabelle 18. Durchschnittliche halbe Pulsfrequenz nach 5 Minuten Ruhe zu Beginn der Regulationsprüfung

	Gute sp. LG.		Mittlere sp. LG.		Schlechte sp. LG.	
Beteiligte	Buben 46	Mädchen 70	Buben 65	Mädchen 50	Buben 66	Mädchen 50
Durchschnittliche P/2 nach 5 Min.	38,32 ***	42,20 ***	40,51	42,10	41,72 **	41,48
Sigma	0,86	0,63	0,65	0,89	0,75	0,78

In dieser und folgenden Tabellen bedeutet P/2 den Pulswert für 1/2 Min. Er wurde aus rechentechnischen Gründen gewählt. Siehe auch Tab. V 20 a.

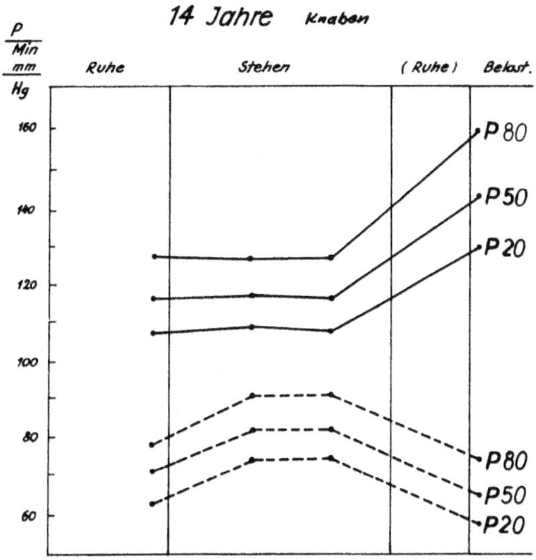

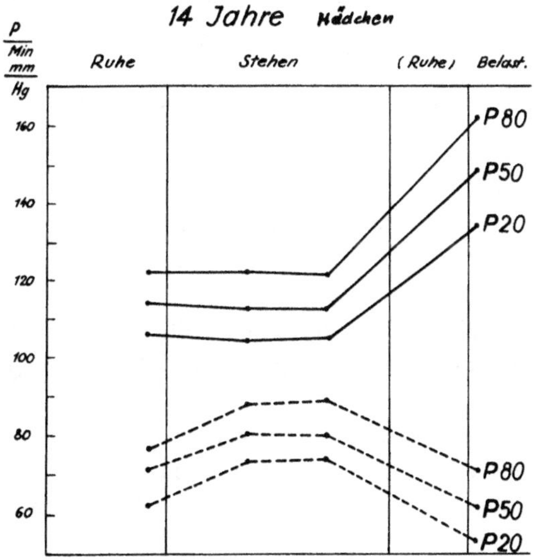

Abb. 5. Mittleres Verhalten und Grenzwerte Perzentil 80, 50, 20 des Blutdruckes während der Kreislaufuntersuchung nach Schellong bei 14jährigen Knaben und Mädchen.

Die Verteilung nach sportlichen Leistungsgruppen zeigt, daß die männlichen Jugendlichen der guten sportlichen Leistungsgruppe die niedrigste durchschnittliche Pulsfrequenz nach 5 Minuten Ruhe haben.

Die statistische Prüfung ergibt einen Unterschied ausgeprägter Signifikanz zwischen den Mädchen und Buben der guten sportlichen Leistungsgruppe und einen Unterschied deutlicher Signifikanz zwischen den Buben der guten und schlechten Leistungsgruppe.

Demnach besteht im Ausschulungsalter neben den teilweise sehr großen geschlechtsgebundenen Unterschieden im Pulsverhalten mit großer Wahrscheinlichkeit eine konträre Abhängigkeit der sportlichen Leistung der männlichen Jugendlichen von der Höhe der Pulsfrequenz nach 5 Minuten Ruhe.
Es besteht ferner begründete Annahme, daß die umgekehrte Schlußfolgerung erlaubt ist: Gute sportliche Leistung ist von niedrigem Ruhepuls begleitet.

Tabelle 19. Durchschnittlicher systolischer Blutdruck nach 5 Minuten Ruhe zu Beginn der Regulationsprüfung

	Gute sp. LG.		Mittlere sp. LG.		Schlechte sp. LG.	
Beteiligte	Buben 46	Mädchen 70	Buben 65	Mädchen 50	Buben 66	Mädchen 50
Durchschnittlicher systolischer Blutdruck nach 5 Min.	121,95 ***	111,28 ***	111,23 ***	112,00	110,37 ***	114,40
Sigma	1,53	0,91	1,09	1,49	1,49	1,51

Der systolische Blutdruck nach 5 Minuten Ruhe ist in der Verteilung nach sportlichen Leistungsgruppen in der guten sportlichen Leistungsgruppe bei den Buben am höchsten.

Die statistische Prüfung ergibt einen ausgeprägten Unterschied in der systolischen Blutdruckhöhe zwischen den Buben und Mädchen der guten und zwischen den Buben der guten sowie mittleren und schlechten sportlichen Leistungsgruppe.

Im Ausschulungsalter besteht also mit sehr großer Wahrscheinlichkeit eine teilweise Abhängigkeit der sportlichen Leistungsfähigkeit der Buben von der Höhe des systolischen Blutdrucks nach 5 Minuten Ruhe.

Tabelle 20. Durchschnittliches Verhalten der systolischen Blutdruckkurve während der Ruhe, des Stehens und nach der Belastung

	Gute sp. LG.		Mittlere sp. LG.		Schlechte sp. LG.	
Beteiligte	Buben 46	Mädchen 70	Buben 65	Mädchen 50	Buben 66	Mädchen 50
Hoher Verlauf	8,7%	15,7%	10,7%	22,0%	7,5%	22,0%
Mittlerer Verlauf	71,7%	67,0%	61,5%	56,0%	63,6%	60,0%
Niedriger Verlauf	19,5%	17,1%	27,6%	22,0%	28,7%	18,0%

Während bei den Mädchen die Extremgruppen, also die Gruppen mit hohem und niedrigem Verlauf der systolischen Blutdruckkurve, fast gleich groß sind, überwiegt bei den Buben deutlich die Gruppe mit niedrigem Verlauf der systolischen Blutdruckkurve.

Die statistische Prüfung ergibt hinsichtlich des systolischen Blutdruckkurvenverlaufs jedoch weder Unterschiede ausreichender Signifikanz zwischen den Geschlechtern noch zwischen den sportlichen Leistungsgruppen.

Tabelle 21. Durchschnittliches Amplitudenfrequenzprodukt nach 5 Minuten Ruhe zu Beginn der Regulationsprüfung

	Gute sp. LG.		Mittlere sp. LG.		Schlechte sp. LG.	
Beteiligte	Buben 46	Mädchen 70	Buben 65	Mädchen 50	Buben 66	Mädchen 50
Durchschnittliches Amplitudenfrequenzprodukt nach 5 Min. Ruhe	2118,58 ***	1985,67 **	1934,54 ***	2031,00 **	1981,36 **	1980,88
Sigma	23,5	19,3	24,5	27,2	24,2	26,5

Das durchschnittliche Amplitudenfrequenzprodukt nach 5 Minuten Ruhe liegt bei den männlichen Jugendlichen der guten sportlichen Leistungsgruppe etwas höher als das der beiden anderen Leistungsgruppen.

Die statistische Prüfung ergibt einen ausgeprägten Unterschied hinsichtlich des Amplitudenfrequenzprodukts nach 5 Minuten Ruhe zwischen den Buben der guten und mittleren sportlichen Leistungsgruppe, der Unterschied zwischen den Buben der guten und schlechten sportlichen Leistungsgruppe ist deutlich. Ein Unterschied in dieser Hinsicht läßt sich auch zwischen männlichen und weiblichen Jugendlichen der guten und mittleren Leistungsgruppe nachweisen; er ist jedoch nicht einheitlich.

Mit sehr großer Wahrscheinlichkeit besteht demnach im Ausschulungsalter bei den männlichen Jugendlichen eine teilweise Abhängigkeit der sportlichen Leistungsfähigkeit von der Größe des Amplitudenfrequenzprodukts in Ruhe.

Tabelle 22. Durchschnittliches Amplitudenfrequenzprodukt nach 4 Minuten Stehen

	Gute sp. LG.		Mittlere sp. LG.		Schlechte sp. LG.	
Beteiligte	Buben 46	Mädchen 70	Buben 65	Mädchen 50	Buben 66	Mädchen 50
Durchschnittliches Amplituden-frequenzprodukt nach 4 Min. Stehen	1736,52 **	1634,28 ***	1756,84	1760,10 ***	1735,45	1745,68 ***
Sigma	24,2	21,1	24,7	25,7	23,1	32,6

Das durchschnittliche Amplitudenfrequenzprodukt der Mädchen nach 4 Minuten Stehen ist in der guten sportlichen Leistungsgruppe am kleinsten. Auch das Amplitudenfrequenzprodukt der Buben in der guten sportlichen Leistungsgruppe ist höher als das der Mädchen.

Die statistische Prüfung ergibt Unterschiede ausgeprägter Signifikanz zwischen den Mädchen der guten sportlichen Leistungsgruppe einerseits und denen der mittleren und schlechten sportlichen Leistungsgruppe andererseits.

Ein Unterschied deutlicher Signifikanz ist auch zwischen den Buben und Mädchen der guten sportlichen Leistungsgruppe nachzuweisen.

Demnach besteht im Ausschulungsalter mit sehr großer Wahrscheinlichkeit eine konträre Abhängigkeit der sportlichen Leistungsfähigkeit der Mädchen von der Größte des Amplitudenfrequenzprodukts nach 4 Minuten Stehen während des Schellongs.

Tabelle 24. Durchschnittliches Amplitudenfrequenzprodukt nach 8 Minuten Stehen

	Gute sp. LG.		Mittlere sp. LG.		Schlechte sp. LG.	
	Buben	Mädchen	Buben	Mädchen	Buben	Mädchen
Beteiligte	46	70	65	50	66	50
Durchschnittliches Amplituden-frequenzprodukt nach 8 Min. Stehen	1564,02 ***	1631,42 ***	1702,23 ***	2025,60 ***	1756,59 ***	1730,81
Sigma	26,3	20,08	25,0	24,0	24,3	27,3

Das durchschnittliche Amplitudenfrequenzprodukt nach 8 Minuten Stehen ist abgesehen von der schlechten sportlichen Leistungsgruppe bei den Buben kleiner als bei den Mädchen; am kleinsten ist es bei den Buben der guten sportlichen Leistungsgruppe.

Statistisch sind die Unterschiede zwischen den Buben der 3 Leistungsgruppen, den Mädchen der guten und mittleren Leistungsgruppe und den Buben und Mädchen der guten und mittleren sportlichen Leistungsgruppe hochgradig signifikant.

Danach besteht mit sehr großer Wahrscheinlichkeit im Ausschulungsalter eine konträre Abhängigkeit der sportlichen Leistungsfähigkeit von der Größe des Amplitudenfrequenzprodukts nach 8 Minuten Stehen, nur bei den Mädchen der schlechten Leistungsgruppe besteht die Abhängigkeit nicht.

Tabelle 25. Durchschnittliches Amplitudenfrequenzprodukt nach dosierter Belastung

	Gute sp. LG.		Mittlere sp. LG.		Schlechte sp. LG.	
	Buben	Mädchen	Buben	Mädchen	Buben	Mädchen
Beteiligte	46	70	65	50	66	50
Durchschnittliches Amplituden-frequenzprodukt nach dosierter Belastung	3507,39 **	4379,42 ***	3686,54 **	4511,00	3612,12	4755,60 ***
Sigma	39,5	42,2	44,5	55,9	54,3	67,1

Statistisch sind die Unterschiede hinsichtlich des Amplitudenfrequenzprodukts nach dosierter Belastung zwischen den Buben und Mädchen aller sportlichen Leistungsgruppen hochsignifikant. Ein Unterschied deutlicher Signifikanz ist jedoch auch zwischen den Buben der guten und mittleren sportlichen Leistungsgruppe, ein solcher hoher Signifikanz zwischen den Mädchen der guten und schlechten sportlichen Leistungsgruppe zu finden.

Demgemäß besteht im Ausschulungsalter neben dem bekannten ausgeprägten geschlechtsgebundenen Unterschied mit großer bis sehr großer Wahrscheinlichkeit eine konträre Abhängigkeit der sportlichen Leistungsfähigkeit von dem Amplitudenfrequenzprodukt nach dosierter Belastung.

Tabelle 26. Durchschnittliche Dauer der Rückkehr der Pulsfrequenz zum Ruhewert (in Minuten)

	Gute sp. LG.		Mittlere sp. LG.		Schlechte sp. LG.	
	Buben	Mädchen	Buben	Mädchen	Buben	Mädchen
Beteiligte	46	70	65	50	66	50
Durchschnittliche Dauer der Rückkehr	1,86 ***	2,48 ***	2,07 ***	2,28 ***	1,83 ***	2,6 ***
Sigma	0,166	0,20	0,201	0,241	0,188	0,275

Die durchschnittliche Dauer der Rückkehr des Pulses zum Ruhewert nach der Arbeitsbelastung ist allgemein bei den weiblichen Jugendlichen dieser Altersgruppe länger als bei ihren männlichen Konkurrenten. Zwischen den Angehörigen der verschiedenen sportlichen Leistungsgruppen bestehen keine deutlichen Unterschiede hinsichtlich der Pulserholungsdauer.

Es besteht bezüglich des Faktors Ruhepulsfrequenzwiederkehr statistisch ein Unterschied großer Signifikanz zwischen den an den Bundesjugendspielen beteiligten Buben und Mädchen.

20. Lungenerkrankungen, Erkrankungen des Magens und Darms, der Nieren, Blase und Genitalien

Diese Erkrankungen waren bei den Stuttgarter Jugendlichen im Ausschulungsalter selten, so daß kaum die Hälfte der in den Spalten aufgezählten Fehler Erwähnung fanden. Es ergaben sich keine signifikanten Unterschiede in der Häufigkeit der Fehler und Erkrankungen zwischen den einzelnen sportlichen Leistungsgruppen. Es ist anzunehmen, daß Kinder mit ernsthaften Erkrankungen dieser Sparten nicht an den Bundesjugendspielen teilgenommen haben.

21. Störungen und Erkrankungen des Nervensystems und der Psyche

Hagen (in C 1) legt in dieser Aufstellung besonderen Wert darauf, daß Störungen ohne erwiesenen Krankheitswert, wie z. B. leichte Formen der Kinderfehler und nervöser Übererregbarkeit nicht als Neurosen und Neuropathie aufgefaßt werden.

Die häufigste Störung des Nervensystems und der Psyche bei den Stuttgarter Jugendlichen im Ausschulungsalter ist die nervöse Übererregbarkeit.

a) Mark (M 18) warnt ebenfalls davor, die Grenzen zwischen der heute überaus häufigen *vegetativen Labilität* und der reinen *vegetativen Dystonie* zu verwischen. Die Diagnose „vegetative Dystonie" muß selten bleiben, da sie ihre Grundlage in einer vielseitigen und gravierenden Symptomatik von großer Konstanz haben muß. Es gilt in praxi vor allem, die klinische Wertigkeit der Symptome einer vegetativen Dystonie zu objektivieren. Hier genügt nicht die Befragung nach vegetativen Symptomen. Mit solcher Befragung kann man höchstens Zusammenhänge gewisser Lebensperioden (Pubertät und Klimax) mit einer Neigung zu vegetativer Labilität vermuten, aber nichts beweisen.

Zum Vollbild der vegetativen Dystonie gehören große Pupillen, Spreiztremor, Lidflattern, Zungenwogen, Muskelfibrillieren, verkürzte dermographische Latenzzeit, ausgeprägte Hautkapillarbetriebsstörungen, tetanoider Einschlag, orthostatische Regulationsstörung, tiefes T_2 im EKG, alimentäre Hyperglykämie, erhöhter Grundumsatz.

Die labile *Schilddrüsenfunktion*, die von den verschiedenen Autoren als „Hyperthyreoid", „Pubertäts-Basedowoid", „Dysthyreose", „Miniaturbasedow" und „Präbasedow" bezeichnet wird, tritt besonders bei Mädchen auf. Sie äußert sich am häufigsten im Glanzauge, auffälliger Affektlabilität, lebhaftem Mienenspiel, gesteigerter Schweißneigung in der Achselhöhle und kühlen Händen und Füßen.

Die labile Schilddrüsenfunktion hat dann eine gute Prognose, wenn sie in der Pubertät als hyperthyreotische Phase auftritt. Ihre Abgrenzung von der vegetativen Labilität ist manchmal sehr schwer und kann nur durch gleichmäßige Beachtung der in Klinik und Laboratorium erhobenen Befunde erfolgen. Die Grundumsatzbestimmung ist differentialdiagnostisch nicht von zentraler Bedeutung, da Vegetativ-Labile mit Neigung zu Hyperventilation ebenfalls Grundumsatzerhöhungen von 30% erzielen können. Der Radiojodtest wiederum ist bei dieser Fragestellung in Kropfendemiegebieten nicht verläßlich.

In der Verteilung der Stuttgarter Jugendlichen im Ausschulungsalter ergab sich kein signifikanter Unterschied hinsichtlich der nervösen Übererregbarkeit zwischen den 3 sportlichen Leistungsgruppen.

b) Hagen (in C 1) zählt zu den *Kinderfehlern:* Nägelkauen, Pavor nocturnus, Bettnässen, Sprachfehler, Tics und Onanie.

Die häufigste der unter „Kinderfehlern" versammelten neuropathischen Störungen ist die intermittierende Urininkontinenz, das *verlängerte Bettnässen.*

Es ist keine einheitliche Erkrankung, sondern ein Symptom, das auf verschiedenen, anlage- oder umweltbedingten Ursachen beruhen kann, wie z. B. angeborener Blasenschwäche, abnormer Schlaftiefe, Erziehungsfehlern, seelischen Gründen (Lustgewinn, Trotz, Geltungsdrang, Rache) und Gelegenheitsursachen (Blasenkatarrh, Würmer).

Hinsichtlich der Kinderfehler ergab sich in der Verteilung der Stuttgarter Jugendlichen im Ausschulungsalter ein Unterschied sehr guter Signifikanz zwischen den Vertretern der guten und schlechten sportlichen Leistungsgruppe. Während also eine Abhängigkeit der sportlichen Leistungsfähigkeit von den verschiedenen Äußerungsformen der nervösen Übererregbarkeit nicht vorhanden ist, *besteht mit großer Wahrscheinlichkeit eine teilweise Abhängigkeit sportlicher Leistungsfähigkeit von etwa vorhandenen „Kinderfehlern".*

Tabelle 27. Erkrankungen des Nervensystems und der Psyche

	Gute sp. LG. 118	Mittlere sp. LG. 118	Schlechte sp. LG. 118
Erziehungsschäden		1,69 %	0,84 %
Kinderfehler	9,3 % **	21,18 %	25,42 % **
Nervöse Übererregbarkeit	22,88 %	22,88 %	21,18 %

22. Funktionelle Beeinträchtigungen

Hagen entwickelte mit seinen Mitarbeitern eine eigene Fehler-Schlüsseltabelle, um den besonderen Anforderungen des Hollerithverfahrens gerecht zu werden. Der Grad der funktionellen Beeinträchtigung wurde nicht bei den einzelnen Fehlern, sondern in einer Sonderspalte auf der Hollerithkarte vermerkt.

Hinsichtlich der funktionellen Beeinträchtigung ergab sich in der Verteilung der Stuttgarter Jugendlichen kein signifikanter Unterschied zwischen den Vertretern der 3 sportlichen Leistungsgruppen. Vorübergehende Beeinträchtigungen kamen bei guten Sportlern häufiger vor als bei schlechten und insbesondere bei der mittleren Leistungsgruppe. Die größere Bereitschaft zum Wagnis dürfte dabei mitspielen. Kinder mit ernsteren Behinderungen haben an den Jugendspielen nicht teilgenommen.

Tabelle 28. Funktionelle Beeinträchtigung

	Gute sp. LG. 118	Mittlere sp. LG. 118	Schlechte sp. LG. 118
Belanglose, kleine Schäden und Variabilitäten	23,72 %	24,57 %	22,03 %
Vorübergehende Beeinträchtigung	5,93 %	0,84 %	3,38 %
Dauernde, geringe, anlagebedingte Beeinträchtigung		3,38 %	9,32 %
Dauernde, geringe, erworbene Beeinträchtigung			3,38 %
Dauernde, schwere, anlagebedingte Beeinträchtigung			0,84 %

23. Krankheitsberichte

Im Krankheitsbericht spielen die „nur unbedeutenden Infekte" die größte Rolle. Darunter werden in der Hauptsache grippeähnliche Krankheiten verstanden, die ebenso wie die echte Grippe durch Virusarten hervorgerufen werden. Wahrscheinlich sind mehrere nicht miteinander identische Virusarten im Spiel, die jedoch von dem echten Grippevirus Typ A und B zu unterscheiden sind.

Dennig (D 3) unterscheidet den gewöhnlichen Erkältungskatarrh von den „katarrhalischen" Krankheiten, die in kleineren oder größeren Epidemien auftreten.

Die klinische Abgrenzung der Krankheitsbilder, die durch das Virus der Influenza, Adenoviren, Ornithose- und Psittakoseviren, das Virus des Schnupfens, der primär atypischen Pneumonie sowie des Q-Fiebers verursacht werden, ist schwierig, da die meisten Menschen mehrmals im Jahr ähnlich verlaufende Erkältungskrankheiten durchmachen und die Krankheitsbilder in ihren Symptomen und ihrem Verlauf nur wenig voneinander abweichen. Eine Besonderheit aller Viruserkrankungen des Respirationstrakts ist die in Epidemiezeiten nachgewiesene, erstaunlich kurze Inkubationszeit, die in einzelnen Fällen auf 3 Stunden reduziert sein kann.

Heinecker (H 18) berichtet darüber, daß während der Grippeepidemie der letzten Jahre in einem relativ hohen Prozentsatz EKG-Veränderungen beobachtet wurden. Böhlau (B 15) schließt aus Untersuchungen mit einem Gerät zur Feststellung des energetischen Stoffwechsels, daß der Erholungsquotient (Sauerstoffverbrauch während der Erholungsphase) bei Grippekranken meist erst in der 5. Woche der Rekonvaleszens den Normalwert erreicht. Die Leistungsfähigkeit normalisiert sich nach Infekten also nur sehr langsam. Verfrühte Arbeitsaufnahme führt zu stark verzögerter Rekonvaleszens.

Von sportärztlicher Seite wird immer wieder betont, daß sich geringe Allgemeininfekte bei intensivem Training besonders nachteilig auf Dauerleistungen auswirken.

In der Verteilung der Stuttgarter Jugendlichen im Ausschulungsalter ergab sich ein Unterschied ausreichender Signifikanz zwischen der guten und schlechten sportlichen Leistungsgruppe in Bezug auf das Befallensein mit unbedeutenden Infektionen im Jahre 1959. Kürzlich überstandene Infekte fanden sich deutlich gehäufter bei den Angehörigen der schlechten sportlichen Leistungsgruppe.

Tabelle 29. Krankheitsberichte im Jahre 1959

	Gute sp. LG. 118	Mittlere sp. LG. 118	Schlechte sp. LG. 118
Nur unbedeutende Infekte	12,71 % *	16,10 %	22,03 % *
Nicht meldepflichtige Krankheiten, auch Operationen	10,16 %	16,10 %	15,25 %
Unfälle		2,54 %	
Meldepflichtige Krankheiten			0,84 %

Danach besteht im Ausschulungsalter mit mittelgroßer Wahrscheinlichkeit eine teilweise, konträre Abhängigkeit sportlicher Leistungsfähigkeit von überstandenen Infekten während des letzten Jahres.

III. Die seelische Struktur der drei sportlichen Leistungsgruppen

A) Die Methode der Erfassung

Die Beobachtung und Beurteilung der Jugendlichen der 3 Leistungsgruppen wurde nach den von Thomae und seiner Schule aufgestellten Grundsätzen vorgenommen.

Thomae (T 3) lehnt eine Beurteilung von Kindern auf Grund der sogenannten „natürlichen" Menschenkenntnis ab, weil erfahrungsgemäß jeder Betrachter seine eigenen Anliegen und Zustände in die anderen Menschen hineinprojiziert. Keine Einzelbeobachtung ist für sich allein genommen eine hinreichende Grundlage für Beurteilungen.

Verwertbare und den Aufgaben gerecht werdende Aussagen über eine Persönlichkeit sind erst nach sorgfältigem Gegeneinanderhalten der Einzelbefunde, dem Vergleich und Abwägen ihrer Gewichtigkeit, einem Tasten und Suchen nach dem „roten Faden", der sich durch alle Einzelaussagen hindurchzieht, zu erwarten.

In der Unterordnung aller Wesenszüge eines jungen Menschen unter einen einzigen Wesenszug und der Einordnung seines Charakters in ein bestimmtes Typenschema sieht Thomae große Gefahren. „Das einfachste Kind, der schwachsinnigste Jugendliche ist irgendwie noch vieldeutig und vielschichtig."

Auch die Beurteilungsform, die nur auf eine quantitative Festlegung bestimmter Grundklassen des Seelischen (etwa Denken, Fühlen, Wollen) oder des Charakters (etwa Antrieb, Halt, Gemüt, Geltungssucht, Steuerung, Intelligenz) beruht, ist nicht unbedenklich.

Generell abzulehnen sind also alle Beurteilungsformen, die eine zu statische Grundvorstellung von der menschlichen Persönlichkeit im allgemeinen, von der jugendlichen Persönlichkeit im besonderen haben. „Die normale Persönlichkeit ist kein ruhendes Gebilde, von dem man Teile ablösen und das man aus Teilen wieder zusammensetzen könnte. Sie ist ein sich bewegendes, der Veränderung unterworfenes Ganzes, das nur in seiner Bewegtheit, in seiner Gespanntheit zwischen Gegenwart und Zukunft, in der Art und Weise seiner aktuellen Auseinandersetzung mit der Welt, in seiner Reibung an der Situation und in seinem Getragensein von der Situation völlig begriffen werden kann."

Thomae plädiert für eine dynamische Persönlichkeitsbeurteilung, eine mehrgliedrige und mehrdimensionale Beurteilung, die durch eine mehrdimensionale

Beobachtungsweise sinnvoll vorbereitet wird. Hauptrichtungen der Verhaltensbeobachtung bei Kindern sind das Verhalten in Spiel und Freizeit, das Verhalten zu Gleichaltrigen, das Verhalten zu Lehrern und Erziehern, das Verhalten zu sich selbst, das Verhalten zu Sachen und sachlichen Aufgaben und das Verhalten zu Werten.

Eine zureichende Beurteilung sollte nach Thomae folgende Seiten der Persönlichkeit eines jungen Menschen zu erfassen trachten:

a) den körperlichen, geistigen und seelischen Entwicklungszustand,
b) das Gefüge seiner Fähigkeiten und Fertigkeiten,
c) das Gefüge der Hauptanliegen und Hauptnöte,
d) das Gefüge seiner Wirkungsmittel, seiner Weisen mit dem Leben zurechtzukommen,
e) das Gefüge der regulierenden, hemmenden und antreibenden Faktoren;
f) die Variationsbreite der geschilderten seelischen Struktur,
g) die mögliche Richtung, welche die Entwicklung der Persönlichkeit unter Einrechnung bestimmter Umweltfaktoren nimmt.

Bei der *Beurteilung des geistigen und seelischen Entwicklungszustandes* sind Beobachtungen in einigen Verhaltensrichtungen besonders wertvoll. Das Verhalten in Spiel und Freizeit gibt Aufschluß über Grad und Art der Aktivität, der Anregbarkeit, Mitschwingungsfähigkeit, die Stellung des Kindes in der Gruppe, sein Auffassungsvermögen, seine Einordnungsbereitschaft.

Die *Beobachtung des Verhältnisses des Kindes zu sich selbst* erfordert die Charakterisierung der Stimmung und des Stimmungsverlaufs. „In der Stimmung äußert sich, wie ein Mensch zu sich steht." Außerdem kommt es darauf an, Angst und Schuldgefühle aus seinen sprachlichen Äußerungen oder seiner Mimik zu erkennen, Wünsche und Sehnsüchte zu erfahren.

Die *Beobachtung des kindlichen Verhaltens zu Sachen und sachlichen Aufgaben* informiert über Sorgfalt, Ordentlichkeit, Ausdauer (Gehorsam vor den Sachen), das Bewahren der Eigengesetzlichkeit der Sachen, das Sichbewähren vor der Eigengesetzlichkeit der Aufgaben und echte Gestaltungsbereitschaft.

Die *Beobachtung des Verhaltens zu höheren Werten*, also zum Elternhaus, zur Heimat, zu Tieren, zur Natur überhaupt, zur Welt der Kunst, zum Religiösen ermöglicht Aussagen über die Ansprechbarkeit, also über die Welt des Gemüts.

Zur *Beurteilung der Fähigkeiten und Fertigkeiten müssen* die Leistungsvoraussetzungen, wie Kraft, Gewandtheit, Geschicklichkeit, Ausdauer, Planung, Übersicht, Kombination, Merkfähigkeit und Gestaltungsfähigkeit erfaßt werden. Unter Fertigkeit wird das Resultat von Übungen verstanden.

Die *Beurteilung des Hauptanliegens und der Hauptnöte* wird durch das Erkennen der Antriebe, Strebungen, Triebfedern und Bedürfnisse ermöglicht.

Die *Beurteilung des Gefüges der Wirkungsmittel* (Daseinstechniken), also der für einen Menschen charakteristischen Weisen, sich das Dasein erträglich und von innen her möglich zu machen, kann erst erfolgen, wenn das Wie der Leistung, Anpassung, Zuwendung geklärt ist. Dasein kann erträglich werden in der Daseinsbehauptung, im Daseinsgenuß, in der Daseinssteigerung und der Daseinserweiterung.

Die *Beurteilung des Gefüges der regulierenden Faktoren* der Persönlichkeit erfordert die Aufgliederung des „seelischen Geländes", in welchem sich die Verwirklichung oder Versagung des Grundanliegens des Individuums vollzieht, in einzelne Charakterzüge. Thomae hat eine Reihe dieser 8 Hauptgruppen zusammengeordnet, die sich bei Betrachtungen von Persönlichkeiten immer wieder finden. Diese sind die verschiedenen Grade und Qualitäten von Antrieb, Stimmung, Anregbarkeit, Mitschwingungsfähigkeit, Angepaßtheit, Steuerung, Differenzierung und Verfestigung.

Diese Regulationsfaktoren sind nach Thomaes Forschung die Bereiche konstanten Verhaltens innerhalb der Persönlichkeit (T 6).

Die Beurteilung der Veränderlichkeit bzw. Festigkeit einer seelischen Struktur kann nur dann erfolgen, wenn es möglich war, das Verhalten einer Person über einen längeren Zeitraum hinweg zu beobachten. Die Lockerkeit bzw. Festigkeit des seelischen Gefüges kann darüber hinaus demnach aus den Verhaltensabweichungen innerhalb der verschiedenen Beobachtungsstationen, aber auch aus stärkeren Tagesschwankungen und dem Verlauf des seelischen Geschehens in Spiel- und Arbeitssituationen (schleppend, zügig, schwingend, wechselhaft, intermittierend) bestimmt werden.

Zur *Beurteilung der künftigen Entwicklung* wird das erarbeitete Persönlichkeitsbild in die zu erwartende oder zu befürchtende Lebenslage projiziert. Für die meisten praktischen Zwecke genügt es, wenn der Psychologe die Richtung andeutet, in die hinein die Entwicklung sich vollziehen wird.

Bei Schulanfängern wurde von den Psychologen der Arbeitsgemeinschaft innerhalb der Grobuntersuchungen mit dem Form-Farb-Test (u. Hartke), dem Koordinationstest (Unterstiftzeichnen), der freien Zeichnung, dem Baum-Mann-Haus-Test, der Bildbetrachtung (Binet) und der Bildgeschichte gearbeitet, innerhalb der Feinuntersuchungen mit dem Entwicklungstestverfahren nach Bühler-Hetzer, dem Szenotest nach v. Staabs, der Exploration, dem Children's Apperzeption-Test und Beobachtungen des Spielverhaltens.

Bei Entlaßschülern kamen bei der Grobuntersuchung der Farb-Form-Test (nach Huth), der Koordinationstest, die freie Zeichnung, der Baum-Mann-Test, der Analogietest, der Warttegg-Erzähltest, der Physiognomische Test (Thomae) und die Schriftbeurteilung zur Anwendung. An Feinuntersuchungen wurden der Intelligenztest nach Wechsler-Bellevue, der Thematische Apperzeptionstest nach Murray, alle Serien des Physiognomischen Tests, die Exploration, der Rorschach-Test und Tests aus der Eignungspsychologie durchgeführt.

B) Sportliche Leistungen und Bereiche konstanten Verhaltens innerhalb der Persönlichkeit

1. Intellektuelle Begabung

Die Begabung gehört zu den am meisten untersuchten Gebieten konstanten Verhaltens des Individuums.

Unter intellektueller Begabung wird die zusammengesetzte oder globale Fähigkeit des Individuums verstanden, zweckmäßig zu handeln, vernünftig zu denken und sich in wirksamer Weise mit der Umgebung auseinanderzusetzen. Anders ausgedrückt wird unter Begabung die Potenz verstanden, Beziehungen und Sinneszusammenhänge zu erfassen, anzuwenden, zu deuten und herzustellen.

Gesicherte und bewährte Meßinstrumente der Begabungsqualität sind die Intelligenztests.

Nach Thomae sind die bei Kindern unter 6 Jahren gewonnenen Intelligenzquotienten prognostisch nicht sehr aufschlußreich. Dagegen zeigen die nach dem 6. Lebensjahr bis zum 18. Lebensjahr gewonnenen Quotienten eine große Konstanz.

Thurstone (zit. in T. 6) unterscheidet, nachdem er bei der Faktorenanalyse eine Reihe unabhängiger Faktoren fand, intellektuelle Primär- und Sekundärfähigkeiten. Zu den ersten gehören: sprachliche Gewandheit, Wortflüssigkeit, Leichtigkeit im Umgang mit Zahlen, Raumvorstellung, Gedächtnis, schlußfolgerndes Denken.

Während der *Vorpubertät*, der 1. Pubertätsphase Mansfelds, die beim Buben vom 12.–14. Lebensjahr, beim Mädchen vom 11.–13. Lebensjahr dauert, tritt die Zwiespältigkeit, die das Gesamtbild des Trotzalters bestimmt, auch im engeren Bezirk des Denkens und Gedächtnisses zutage.

Als Fortschritt zu werten ist die *Umstellung* vom anschaulichen (konkreten) *zum unanschaulichen* (abstrakten) Denken (R 7).

Das Denken erlangt eine gewisse Vorstellungsunabhängigkeit, d.h. die unanschaulichen Bedeutungen (Bewußtheiten) werden nicht mehr in demselben Maße wie in der Kindheit von anschaulichen Bildern untermalt.

Die Entwicklung des unanschaulichen Denkens spiegelt sich in den Definitionsleistungen. Nunmehr gelingt immer mehr Schülern die logisch-exakte Begriffsbildung (Oberbegriff, spezifische Differenz).

Die Umstellung zum abstrakten Denken bedingt einen entschiedenen Fortschritt des schlußfolgernden Denkens. Mit diesem Stadium der formalen Operationen erreichen sie das Niveau des ungebildeten Erwachsenen.

Mit der Entwicklung des Denkens hängt eine *Umstellung des Gedächtnisses* zusammen, die dazu führt, daß das mechanische Gedächtnis vom *logischen Gedächtnis* abgelöst wird. Das rein assoziative Einprägen wird teilweise von der Einsicht in Sinn und Bedeutung des Gelernten ersetzt.

Die *Pubertät*, die 2. Pubertätsphase Mansfelds, die bei männlichen Jugendlichen etwa vom 14.–16. Lebensjahr, bei weiblichen Jugendlichen etwa vom 13.–15. Lebensjahr dauert, bringt als wichtigste Folge der Nachinnenwendung die *Entdeckung des Ichs*. Dem jungen Menschen wird das metaphysische Grunderlebnis der Individuation zuteil. Ist einmal die seelische Innenwelt Gegenstand der Betrachtungen geworden, dann erwacht eine starke Tendenz zur Selbstreflektion und Selbstkritik.

Dieser Fortschritt wird erstens möglich durch Erwachen der Auffassungskategorie für Seelisches, d.h. der Ordnungsprinzipien für seelische Vorgänge und Zustände und zweitens durch Steigerung der sprachlichen Äußerungsfähigkeit über Seelisches.

Jetzt bildet sich das *geisteswissenschaftlich-verstehende Denken* heraus, das im Verlauf des Jugendalters sich zunehmend verfeinernd und vertiefend, die einseitig naturwissenschaftlich-erklärende Denkweise des späteren Kindesalters ergänzt, überbaut und damit zur Vervollkommnung des Weltbildes führt.

Bei den Untersuchungen der Arbeitsgemeinschaft kam der Intelligenztest nach Wechsler-Bellevue zur Anwendung. *Die Verteilung* (Tab. 30) *ergab einen Unterschied guter Signifikanz zwischen Buben und Mädchen in allen sportlichen Leistungsgruppen, jedoch keinen Unterschied zwischen den Leistungen der Vertreter der drei sportlichen Leistungsgruppen.*

Intelligenztest (Bestes Resultat von 3 im 13. bis 15. Lebensjahr durchgeführten Intelligenz-Tests.)

Tabelle 30. Höchstpunktzahl im Intelligenztest

	Gute sp. LG.		Mittlere sp. LG.		Schlechte sp. LG.	
Anzahl der Probanden	118		118		118	
Beteiligte	Buben 46	Mädchen 72	Buben 67	Mädchen 51	Buben 67	Mädchen 51
Bester durchschnittlicher Intelligenzquotient von 3 Tests	94,28 **	83,56 **	93,67 **	82,88 **	90,70 **	76,47 **
Sigma	2,5	1,47	1,87	1,07	2,3	2,45

2. *Antrieb* (Vitale Energie, Grad der im Verhalten zutage tretenden Aktivität)

Der vitale Antrieb ist eine psychophysische Energiequelle, die selbst unspezialisiert und richtungslos ist, dafür aber alle spezialisierten und zielgerichteten Kräfte speist (P 7).

Diese *unspezifische Energiequelle* wurde von Ewald in ihrer jeweils spezifischen Ausprägung als „Biotonus", von Hippius und Wellek als „Vitalität", von Pfahler als „vitale Energie", von Le Senne als „Aktivität" bezeichnet (Zit. in T 3).

Thomae (T 3) unterscheidet Antriebsgrade, Antriebsformen, Antriebsrichtungen.

Das Ausmaß der beobachtbaren und erschließbaren Reaktionen insgesamt bildet das Kriterium für die Bestimmung des Antriebsgrades. Die Antriebsgrade werden mit stark-schwach, groß-klein, hoch-niedrig, energiegeladen-apathisch bezeichnet. Thomae fand in den Extremfällen von hohem und niedrigem Antrieb eine bemerkenswerte Konstanz.

Die Umschreibungen der Form, in der sich die Aktivität eines Menschen äußern kann, sind nach Thomae (T 3) in den Gegensatzpaaren „heftig-matt", „explosiv-stetig", „voluminös-punktuell", „dranghaft, unbewußt-willensbestimmt", „locker-gespannt", „gelöst-verkrampft" gegeben.

Enke (E 2) betont, daß dem kollathymen Temperament des Athletikers eine lineare Verlaufsgestalt eigen ist mit den Polen viskös (Stauung, Aufladung) und explosiv (Entladung). Steinwachs ordnet auf Grund von Schriftdruckkurven den Kretschmerschen Konstitutionstypen folgende Antriebseigenschaften zu:

leptosom = verkrampft, versteift
pyknisch = locker, entspannt
athletisch = gespannt, explosibel

Unter Gespanntheit wird also eine versteifte Antriebsform mit defensiver, in Richtung auf schützende Isolierung gehende Tendenz verstanden, unter Lockerheit eine entspannte Antriebsform.

Von den von Hippius, Hepner, Lersch und Thomae aufgestellten „Listen" von Daseinsthemen (konstante Dominanten der Richtung des Antriebs) erwiesen sich die Thematik des Strebens nach Daseinsbehauptung, Daseinssteigerung und Daseinsgenuß durch Leistung, Anpassung oder rücksichtslose Durchsetzung, Sichtreibenlassen von den Anreizen des Augenblicks als besonders wesentlich.

Während der *Vorpubertät* (2. Trotzphase) tritt die innere Zerspaltenheit und Zerrissenheit des jungen Menschen nirgends deutlicher zutage als im Bereich der Antriebe und ihrer Steuerung (R 7). Der inneren Unruhe liegt nicht etwa eine Steigerung, sondern eine Labilisierung, ein heftiges *sprunghaftes Schwanken des vitalen Antriebs* zugrunde, das sich in dem häufigen Wechsel des Verhaltens spiegelt.

Zeitweiser Tätigkeitsdrang, der sich in Erlebnishunger, rauschhafter Begeisterung, Hunger nach Abenteuern, sexuellem Interesse und sexueller Begierde, dem Zug in die Ferne und Fremde äußert, wird abgelöst von unlustvoller innerer Leere und Öde, Langweile, faulem Herumlungern.

Der den Beginn des Jugendalters kennzeichnende Entwicklungsschub erfaßt auch die Triebfedern des individuellen Selbstseins (R 7). Das starke Streben nach Selbstbestimmung und Selbständigkeit sind die Wurzeln der eigentümlichen Verhaltensweise, die zu der Bezeichnung *2. Trotzalter* Anlaß gegeben hat. Sie äußern sich oft übersteigert in Geltungsstreben, Geltungssucht, Renommiersucht, Unabhängigkeitsstreben, Auflehnung, Aufbegehren, Widersetzlichkeit und Opposition. Die Art der Konflikte ist bei Mädchen und Buben verschieden. Das Aufbegehren, die Loslösung in schroffer Form, offene Angriffe auf die Haltung der Erwachsenen ist mehr Sache der Buben, Empfindlichkeit, Sich-unverstanden-Fühlen zeigen mehr die Mädchen. Bei den Mädchen diesen Alters ist eine Tendenz zur Vereinzelung und Isolierung deutlich, während die Buben ein stärkeres Verlangen nach Zusammensein mit Gleichaltrigen haben (Gruppen-, Banden-, Herdenbildung).

In der *Pubertät* gewinnt der vitale Antrieb an *Konstanz*, d.h. die hochgradige Labilität der Antriebsproduktion, die für die Vorpubertät charakteristisch war, weicht langsam einer gewissen Stabilität.

Thomae (in C 1) stellt fest, daß eine graphische Darstellung der Verteilung der in den deutschen Längsschnittuntersuchungen ermittelten Antriebsvarianten bei den Schulanfängern einerseits und den Entlaßschülern andererseits zeigen würde, daß sowohl bei den Jungen als auch bei den Mädchen eine schwache Tendenz zum Rückgang der Aktivität zu verzeichnen ist.

Die Zuordnung der Untersuchten zu den einzelnen Antriebsqualitäten erfolgte seitens der Arbeitsgemeinschaft nach den Befunden des Lehrerfragebogens in den Spalten „Wille“ und „Arbeitsweise“ und den bei den verschiedenen Testen erhobenen Befunden, wie Tempo, Leistungssteigerung, Ausdauer, Einsatzbereitschaft, Reichhaltigkeit der Antworten, Reichhaltigkeit der Mitbewegung bei der Aufgabenlösung, Schriftlage, -druckstärke und -größe (C 1).

Bei Beachtung der Antriebsqualitäten, die der Psychologe in den Jahren 1956–58 bei den Untersuchten fand, aber unter besonderer Berücksichtigung der Feststellung im Jahre 1959 ergab sich folgende Verteilung:

Tabelle 31. Zusammengefaßte Antriebsqualitäten in %

	Gute sp. LG.	Mittlere sp. LG.	Schlechte sp. LG.
Schwacher bis mäßiger Antrieb	39,83 %*	44,91 %	55,08 %*
Lebhafter Antrieb	50,84 %**	44,06 %	33,05 %**
Heftiger Antrieb	9,32 %	11,01 %	11,86 %

Es fand sich ein Unterschied guter Signifikanz zwischen den „Aktiven" der guten und schlechten sportlichen Leistungsgruppe und ein solcher ausreichender Signifikanz zwischen den „Mäßig Aktiven" der guten und schlechten sportlichen Leistungsgruppe.

Auch die Zusammenfassung der mit stärker oder schwächer ausgeprägten Antriebsqualitäten als die Mittelgruppe der „Aktiven" Ausgestatteten ergab außer dem bekannten Unterschied hoher Signifikanz bei den „Aktiven" (lebhafter Antrieb) der guten und schlechten sportlichen Leistungsgruppe einen solchen ausreichender Signifikanz der mit schwachem bis mäßigem Antrieb ausgestatteten Untersuchten.

Es besteht folglich im Ausschulungsalter mit großer Wahrscheinlichkeit eine Abhängigkeit sportlicher Leistungsfähigkeit vom Antrieb, dem Grad der im Verhalten zutagetretenden Aktivität.

3. *Stimmung* (Klangfarbe des Lebensgefühls)

Unter Stimmung werden langdauernde Gefühlszustände, die *Klangfarbe des Lebensgefühls* (Lersch) verstanden. Ihre schichttheoretische Einordnung bereitet allerdings Schwierigkeiten. K. Schneider rechnet sie zu den seelischen Gefühlen, Lersch zum endothymen Grund, Braun zur vitalen Person und ähnlich Rothacker zur animalischen Schicht.

Remplein (R 7) unterscheidet eine *aktuelle Durchschnittsstimmung* und die *habituelle Grundstimmung.*

Die aktuelle Durchschnittsstimmung ist ein komplexes Erleben, an dem sich gedanklich Grund- und Obertöne unterscheiden lassen. Sie ist einmal vom Zustand des Organismus abhängig und dementsprechend durch leibliche Gefühle

(Müdigkeit, Frische, Behagen, Mißbehagen) fundiert. Aber zum anderen fließen in sie auch Bedeutungs- und Sinneserlebnisse, sowie innerseelische Schwingungen ein. Die Durchschnittsstimmung enthält Leibgefühle, den Nachklang letzter Erlebnisse und nicht reaktive seelische Gefühle.

Die habituelle Grundstimmung hängt primär nicht von den Vorgängen der Um- und Mitwelt ab, sondern ist gegenstandslos. Von innen her bedingt, zieht sie als einförmige Kurve über die einzelnen Gefühle und Augenblicksstimmungen hinweg. Die beiden Pole der Grundstimmung Frohheit (Heiterkeit, Lustigkeit) und Unfrohheit (Schwermut, Mißmut) bilden sich schon im Säuglingsalter ansatzweise aus.

Thomae (T 6) geht es bei seiner Verhaltensforschung in erster Linie um die relative Konstanz einer bestimmten Stimmungsfarbe oder -qualität. In zweiter Linie geht es ihm um den Stimmungsverlauf, bzw. die Konstanz einer bestimmten Stimmungslage, bzw. die Oszillation zwischen mehreren, ständig wiederkehrenden Stimmungspolen. Schließlich geht es um die Ausprägung der Stimmung im Verhalten überhaupt, d.h. um die Frage, inwieweit eine Persönlichkeit zu Stimmungen neigt und dies in ihrem Verhalten zeigt.

Die *Vorpubertät* wird als *Aprilwetterzeit des Lebens* bezeichnet. Das Quälende dieser Entwicklungsphase wird noch vermehrt durch ein Überwiegen der Unlusttönung, das zusammen mit dem daraus entspringenden äußeren Verhalten zu der Bezeichnung *negative Phase* Anlaß gegeben hat. Die Umstimmung im Hormonhaushalt und die dadurch bedingte Störung im körperlichen Gleichgewicht machen sich in Spannungserlebnissen und unlustvoller Unruhe bemerkbar. Dies gilt vor allem für die Mädchen, für die körperliche Erschlaffung, Unlust und Hemmungsgefühle charakteristisch sind. Bei den Buben ist ein Wechsel von Schlappheit und Müdigkeit mit Zuständen erhöhten Kraftgefühls vorherrschend.

In der *Pubertät* kommt es zu einer Vertiefung der Lebensgefühle und zu einer Verlagerung des Schwergewichts von der somatisch bestimmten Vitalgestimmtheit auf die mit dem Erleben von Sinngehalten zusammenhängende Seelengestimmtheit. Der Kern der Unlust wandert nach innen, ins Zentrum des Erlebens (R 7). Es wird eine starke Tendenz zur Wehmut, Schwermut und Weltschmerz, zur Traurigkeit bis zum Lebensüberdruß spürbar. Auch selbstgenießerische Hingabe am Erlebnis des seelischen Schmerzes, an Stimmungen der Traurigkeit und der Wehmut, also sentimentale Regungen, sind häufig.

Die Zuordnung der Untersuchten zu den einzelnen Stimmungsvarianten erfolgt seitens der Psychologen nicht vorwiegend nach dem Lehrerbericht, sondern nach ärztlichen und eigenen Untersuchungen des Gesamtverhaltens, da manche Lehrer die Stimmung der Kinder und Jugendlichen durchweg als froh und heiter beurteilen (C 1).

Tabelle 32. Zusammengefaßte Stimmungsqualitäten in %

	Gute sp. LG.	Mittlere sp. LG.	Schlechte sp. LG.
Gedrückte und schwankende Stimmung	44,06 %	43,22 %	43,22 %
Harmonische Stimmung	40,67 %	40,67 %	34,74 %
Gehobene Stimmung	15,25 %	16,10 %	22,03 %

Aus der differenzierten und zusammengefaßten Verteilung der Stimmungsqualitäten ergeben sich keine signifikanten Unterschiede zwischen den Vertretern der drei sportlichen Leistungsgruppen.

4. *Anregbarkeit* (Bereitschaft zur Reizbeantwortung, Gefühlsansprechbarkeit, Affektivität, Erregbarkeit)

Unter *Anregbarkeit im weiteren Sinne* werden alle denkbaren Reaktionen physischer und psychischer Art gemeint. Unter diesem Gesichtspunkt bedeutet Anregbarkeit soviel wie „Reagibilität" und „Eindrucksfähigkeit".

Bei *Anregbarkeit im engeren Sinne* wird an Relationen emotionaler und affektiver Natur gedacht. Die engere Konzeption der Reagibilität wurde von Le Senne als „Emotionalität" umschrieben. Er versteht darunter „jene allgemeine Tatsache unseres Seelenlebens, daß kein von uns als Inhalt einer Wahrnehmung oder eines Gedankens erlebter Vorgang stattfinden kann, ohne uns bis zu einem gewissen Grad zu erregen". Lersch setzt Ansprechbarkeit des Erlebens gleich mit dem Grad der Leichtigkeit in der Entstehung von Gefühlsregungen, gemessen an der Größe des Anlasses (zit. in T 6).

In formaler Hinsicht steht der Gesichtspunkt der *Nachhaltigkeit der Erregung* im Vordergrund, den Enke insbesondere für die Beurteilung der viskösen und schizothymen Typen herangezogen wissen will.

Die Kretschmersche Schule hat speziell auf die Affektivität gerichtete Versuche mit dem psychogalvanischen Apparat nach Varrageth angestellt (K 21).

Die Worte, die man zu der Versuchsperson sagt, die Erwartungsspannungen, die man in ihr hervorruft, die angenehme oder unangenehme Empfindung, die Schmerz- oder Schreckreaktionen, die man bei ihr durch Geruchsreize, durch einen kleinen Nadelstich, durch den Knall einer Kinderpistole verursacht, alle diese minimalen Affektreize, denen die Versuchsperson ausgesetzt ist, machen bereits Schwankungen im elektrischen Leistungswiderstand des Körpers aus, die sich am Spiegelreflex eines feinen Galvomonometers ablesen und kurvenmäßig darstellen lassen. Die Konstitutionstypen treten bei diesen von Enke durchgeführten Versuchen in ihrer Reaktionsweise stark auseinander.

In der *Vorpubertät* ist das Gefühlsleben starken Erschütterungen unterworfen (R 7). In formaler Hinsicht ist es durch *hochgradige Erregbarkeit bei gleichzeitig großer Labilität* gekennzeichnet. Der Vorpubertierende wird viel mehr als das Großkind von seinen Gefühlen durchzittert, was dazu berechtigt, mit Busemann von einer *emotionalen Phase* zu sprechen.

Die Erregungsphase (emotionale Phase) ist durch das Vorherrschen von Reifungsvorgängen gekennzeichnet, so daß man sie geradezu als Reifungsphase par excellence bezeichnen darf (B 14). Am Ende der Erregungsphase ist der junge Mensch um jetzt manifestierte Anlagen bereichert, für die die volle Funktion der Geschlechtsdrüsen ein besonderes augenfälliges Beispiel ist.

Die seelische Gesamtverfassung in der Erregungsphase ist gekennzeichnet durch stärkeres Manifestwerden der niederen (thymischen) Schichten, also der Triebe, Affekte, Stimmungen. Diese Quasi-Verjüngung geht sinngemäß mit einer Erweiterung des Spielraums einher. Schon verfestigte Strukturen erweichen sich wieder. Die Ordnung der seelischen Antriebe, der Gemütskräfte ist erschüttert, ihre Überordnung über die Lebenstriebe dadurch gefährdet.

Die Erregungsphase tritt bei Mädchen allgemein etwas weniger ausgeprägt in Erscheinung. Außerdem ist zu vermuten, daß der leptomorphe Körperbautyp einen stärker ausgeprägten Phasenwechsel erlebt als der pyknomorphe.

Remplein (R 7) spricht von einer *Phase der höchsten Affektivität* des Menschen, in der eine Neigung zu Erregungszuständen, zu Wut und Jähzornausbrüchen, zu Unwillen und Ungeduld, Gereiztheit und Feindseligkeit deutlicher ist denn je.

In der *Pubertät* gesellt sich zu der in der Vertiefung des Gefühlslebens begründeten Aufwühlbarkeit, eine *leichte Anregbarkeit*, die rasche Zuwendung zu den begegnenden Wertgehalten ermöglicht. So kommt es dazu, daß der Pubertierende heute von Kunst, morgen von Religion, übermorgen von Wissenschaft innerlich angesprochen wird. Den Sinn dieser *hohen Gefühlserregbarkeit* sieht Remplein (R 7) in dem probeweise Durchlaufen verschiedener Lebensgebiete. Genügen schon schwache Anreize für einen Kurswechsel der Interessen, so werden am ehesten alle Möglichkeiten persönlicher Lebensgestaltung durchprobt.

Mit der erhöhten Gefühlsansprechbarkeit verbindet sich der *Gefühlsüberschwang*, der sich besonders bei Mädchen in stürmischen, exaltierten Äußerungen der Liebe, Anhänglichkeit und Begeisterung kundtut.

Die Vertiefung des Gefühls läßt den Pubertierenden auf äußere Eindrücke mit der Empfindlichkeit eines Seismographen reagieren. Man bezeichnet diese erhöhte Ansprechbarkeit des Erlebens im Gefühlsbereich des Gemüts als *Empfindsamkeit.* Sie bedeutet „eine eigentümliche nach innen wirkende Zartheit des Erlebens und eine gewisse Widerstandslosigkeit den Eindrücken gegenüber, dank deren die Seele von den feinsten Gemütsreizen getroffen und ergriffen wird" (L 3).

Diese Empfindsamkeit ist bei den Mädchen besonders ausgeprägt; sie findet sich aber auch bei Jungen, wenngleich sie von diesen vor fremden Menschen hinter der Maske betonter Kühle verborgen wird. Die Empfindsamkeit bildet eine der Voraussetzungen für das schwärmerische Natur- und Kunsterleben sowie für die ethische und religiöse Empfänglichkeit der Pubertierenden.

Für die Beurteilung dieser Grundfunktion gab dem Psychologen die Spalte „Aufmerksamkeit" des Lehrerfragebogens direkten Aufschluß; es wurden aber noch andere indirekte Hinweise des Bogens zur Beurteilung herangezogen. Der größte Wert wurde jedoch auf die Verhaltensbeobachtung während der Untersuchung gelegt (C 1).

Unter besonderer Berücksichtigung der Feststellungen des Psychologen im Jahre 1959 bei gleichzeitiger Beachtung der Anregbarkeitsqualitäten in den Jahren 1956–1958 ergab sich folgende Verteilung:

Es fanden sich Unterschiede ausreichender Signifikanz zwischen den „nachhaltig Anregbaren" der guten und schlechten sportlichen Leistungsgruppe und zwischen den „Anregbaren" der mittleren und schlechten sportlichen Leistungsgruppe.

Auch die Zusammenfassung der Anregbarkeitsqualitäten in nur 3 Stärkegrade ergab beim Stärkegrad „gesteigerte Ansprechbarkeit und Reaktion" einen ausreichend signifikanten Unterschied zwischen den Vertretern der mittleren und schlechten sportlichen Leistungsgruppe.

Folglich besteht im Ausschulungsalter mit mittelgroßer Wahrscheinlichkeit eine Abhängigkeit sportlicher Leistungen von der Anregbarkeit, der Bereitschaft zur Reizbeantwortung.

Tabelle 33. Zusammengefaßte Anregbarkeitsqualitäten in %

	Gute sp. LG.	Mittlere sp. LG.	Schlechte sp. LG.
Erschwerte Anregbarkeit und verzögerte Reaktion	12,86 %	15,28 %	13,55 %
Leichte Anregbarkeit und prompte Reaktion	45,76 %	41,52 %*	55,08 %*
Gesteigerte Anregbarkeit und Reaktion	42,37 %*	43,22 %	31,35 %*

5. *Mitschwingungsfähigkeit* (Gemüt, mitmenschliche Gefühle, Gefühlsregungen des Füreinanderseins)

Thomae versteht unter Mitschwingungsfähigkeit ein „unspezifisches Ja zum Seienden". Mit dem Begriff „Gemüt" ist nach seiner Meinung noch etwas mehr als eine inhaltlich zu definierende Variante der Gefühlsansprechbarkeit umschrieben. Es geht dabei um eine bestimmte Existenzform, die mit dem Ausdruck „*Verwurzeltsein*" wohl am besten umschrieben ist.

Thomae unterscheidet die *Gemütsreichen*, die mit ihrem warmen Gefühl alles ihnen Begegnende durchseelen; die *Gemütsvollen* mit derselben Fähigkeit in abgeschwächter Form und geringerem Radius; die *Gemütsflachen*, die im Gefühl leicht ansprechbar sind, rasch Bindungen eingehen, sie aber ebenso rasch verlieren; die *Gleichgültigen*, die bei gewissen Anlässen Gefühl verraten, sonst aber unbeteiligt und nüchtern sind; die *Gemütskühlen*, die Gemütsbekundungen abgeneigt sind und Zärtlichkeiten weder geben noch empfangen können; die *Gemütsstumpfen*, die eine starke herabgesetzte Ansprechbarkeit für Werte haben; die *Gemütsarmen* und *Gemütsbaren*, denen die Fähigkeit fehlt, seelische Bindungen einzugehen.

Die spezielle Ansprechbarkeit für mitmenschliche Gefühle und für Werte, die hier in Frage steht, bezeichnet Thomae (T 3) als „Mitschwingungsfähigkeit". Er will damit das Phänomen der *spezifischen Rezeptivität und Reagibilität* umschreiben, die in einem so engen Zusammenhang miteinander stehen, daß die leiseste Änderung in dem kritischen, werthaltigen Anforderungscharakter der Situation spezifische Reaktionen der Betroffenheit, Sympathie, des Anteilnehmens, der Fürsorge und Pflege hervorruft.

In der Wortbedeutung *„Gemüt"* ist noch ein Hinweis auf eine besondere Form der Verbundenheit, die über eine solche Bekundung des Mitgehens und Anteilnehmens hinausgeht, enthalten. Thomae hält *Mitschwingungsfähigkeit* und *Bindungsfähigkeit* für die konkret faßbaren Kriterien des möglichen Konstanzbereichs des Verhaltens, den man mit dem Begriff *„Gemüt"* umschreibt.

Bei der Wahl von „Mitschwingungsfähigkeit" als eines Kriteriums für die Beurteilung des Gemüts fand Thomae in Verhaltensbeobachtungen auch bei Reihenuntersuchungen normaler Individuen eine Möglichkeit, in gewissen Grenzen eine Aussage über die Ausprägung des Gemüts zu wagen. Die deutschen Längsschnittuntersuchungen zeigten, daß bei diesem Merkmal die Konstanz überwiegt.

In der *Vorpubertät* steht im mitmenschlichen Bereich einem manchmal zur Gesellungssucht gesteigerten Gesellungsdrang (Bandenbildung) eine Tendenz zur Isolierung entgegen.

In der *Pubertät* erfahren die mitmenschlichen Gefühlsregungen eine besondere Veränderung, zunächst steigern sie sich zu einer *leidenschaftlichen Erregbarkeit.* Der Jugendliche wendet sich stürmisch dem einen zu, von dem anderen ab. Freundschaft, Schwärmen und Verehrung suchen in überschwenglichen Formen Ausdruck. Die Vertiefung bekundet sich in Empfänglichkeit für Persönlichkeitswerte, sowie für ästhetische Werte in Natur und Kunst, im Erwachen von Ehrfurcht, echtem autonomen Gewissen und verinnerlichter Religiosität.

Für die Zuordnung der Untersuchten zu den einzelnen Varianten der Mitschwingungsfähigkeit konnten im Lehrerfragebogen nur indirekte Hinweise gefunden werden. Wesentliche Hinweise lieferten neben den Tests die Eltern mit ihren Bemerkungen über das Verhalten des Kindes zu seinen Geschwistern, zu seinen Altersgenossen, zu Sachen und sachlichen Aufgaben.

Aus der differenzierten und zusammengefaßten Verteilung der Mitschwingungsvarianten ergeben sich keine signifikanten Unterschiede hinsichtlich dieses Regulationsfaktors zwischen den Vertretern der drei sportlichen Leistungsgruppen.

Tabelle 34. Zusammengefaßte Mitschwingungsqualitäten in %

	Gute sp. LG.	Mittlere sp. LG.	Schlechte sp. LG.
Schwache Zuwendung	40,67 %	44,06 %	35,59 %
Genügende Zuwendung	35,59 %	33,89 %	38,98 %
Starke Zuwendung	23,72 %	22,03 %	25,42 %

6. *Angepaßtheit* (Regulierung des Verhaltens in bezug auf die jeweils gegebene Situation)

Die Qualität der Anpassung bezieht sich auf die mehr oder minder konstante *Übereinstimmung des Verhaltens des Subjekts mit den Gegebenheiten der jeweiligen Umwelt,* insbesondere mit den Forderungen und Normen der Sozietät (T 3).

Die Konstanz von bestimmten niedrigen Graden der Angepaßtheit im Kindesalter erwies sich bei den deutschen Längsschnittuntersuchungen (Coerper, Hagen, Thomae) als nicht unbeträchtlich.

Polare Anpassungsformen sind die *Extraversion* und *Introversion.* Die Extraversion wird von Thomae als Ausbreitung, gesteigerte Fruchtbarkeit bei relativ geringer Verteidigungsstärke und Lebensdauer des Individuums definiert.

Bewußt leben die *Vorpubertierenden*, zumal die männlichen, noch ganz aus der extravertierten sachlichen Einstellung des Großkindalters heraus, aus der Einstellung auf die geistige Eroberung der räumlich-sinnlichen Außenwelt. Die Außenwelt wird mit Hilfe des Verstandes aus einer deutlichen *Distanz* heraus betrachtet. Die objektiven Eigenschaften und Merkmale der Dinge werden erfaßt, die Wirklichkeit wird aus betonter *Sach-* und *Tatsachengerichtetheit* heraus betrachtet. Das Weltbild wird gegen Ende des mittleren Kindesalters ausgesprochen realistisch. Das Kind ist jedoch von einer unkritischen Erscheinungsgläubigkeit erfüllt, die man als *naiven Realismus* bezeichnet. Außerdem umfaßt die Wirklichkeit des Kindes nur die äußere, sinnliche, nicht dagegen die innere seelische Welt (R 7).

Unbewußt leben die Vorpubertierenden aus einer ungewollten und unbeabsichtigten Abschließung von außen und Hinkehr zum Innenleben.

Die „Introversion" wird als Ausrüstung des Individuums mit vielerlei Mitteln der Selbsterhaltung bei geringer Fruchtbarkeit definiert (T 3).

In der Seele des Vorpubertierenden wirken längere Zeit die beiden Grundhaltungen der Extra- und Introversion nebeneinander. Das teils kindlich-ausgelassene, teils unkindlich-gequälte Verhalten des Vorpubertierenden verrät deutlich das innere Hin- und Hergerissensein zwischen zwei Polen des Erlebens, der Einstellung, auf die Außenwelt und des Interesses für Seelisches und Persönliches (R 7).

Diese innere Unausgeglichenheit ist nicht bei allen Vorpubertierenden gleich stark ausgeprägt. Die Zyklothymen weisen sie in geringerer Intensität auf als die Schizothymen, die Volks- und Berufsschüler weniger als die Oberschüler.

Für die seelische *Pubertät* ist die *aktive Introversion* typisch. Die Aufmerksamkeit wird auf das eigene Selbst hingelenkt und von der Umwelt abgezogen. Der Mangel an echter Einfühlung in den anderen und Einstellung auf den anderen mindert auch die Kontaktfähigkeit. Die Pubertät ist die *Phase der größten Kontaktarmut*, wobei freilich erhebliche interindividuelle Unterschiede bestehen. Sie findet sich bei Schizothymen in schärfster Ausprägung und tritt bei Zyklothymen nur andeutungsweise auf. Die Schizothymen nehmen in der Pubertät deutlich autistische Züge an.

Thomae beschreibt verschiedene Anpassungsformen entsprechend der bevorzugten Daseinstechnik. Unter den *Techniken der Daseinsbehauptung* bedeutet Anpassung höchstmögliche Verringerung der Reibungsflächen zwischen eigenem Daseinsanspruch und bestimmten äußeren und inneren Gegebenheiten, Vermeidung jeder Form sachlicher Auseinandersetzung und sachlicher Bemühung.

Unter den *Techniken des Daseinsgenusses* bedeutet Anpassung Umgehen der Berührung mit der groben Wirklichkeit und ihren Anforderungen auf eine elegante, wenn auch nicht sehr ehrenhafte Art.

Unter den *Techniken der Daseinserweiterung* bedeutet Anpassung Entartung eines vorhandenen Talents. Maßlosigkeit des erstrebten Ziels zwingt zur Unvorsichtigkeit und zu unzweckmäßigen Handlungen (Abenteurertum, Glücksrittertum, Schwindelei).

Für die Zuordnung der Untersuchten zu den einzelnen Varianten der Anpassung war die Untersuchungssituation besonders fruchtbar, da sie in hohem Maße Umstellung und Anpassung an ein Neues verlangte. Außerdem war es möglich, die verschiedenen Ausprägungsformen quantitativ und qualitativ zu erfassen.

Nachstehende Verteilung ergibt, daß der Regulationsfaktor „Angepaßtheit" in seinen verschiedenen Stärkegraden bei den Untersuchten der 3 sportlichen Leistungsgruppen unterschiedlich wirksam ist. Ausreichend signifikante Unterschiede fanden sich zwischen den „Unbekümmerten" der guten und mittleren sportlichen Leistungsgruppe und den „Gewandten" der guten und schlechten sportlichen Leistungsgruppe.

Auch die Zusammenfassung der Angepaßtheitsqualitäten in nur drei Stärkegrade ergibt beim Stärkegrad „Geringe Angepaßtheit" einen ausreichend signifikanten Unterschied zwischen den Vertretern der guten und mittleren sportlichen Leistungsgruppe.

Demnach besteht im Ausschulungsalter mit mittelgroßer Wahrscheinlichkeit eine Abhängigkeit der sportlichen Leistung von der Angepaßtheit, der Regulierung des Verhaltens in bezug auf die jeweils gegebene Situation.

Tabelle 35. Zusammengefaßte Angepaßtheitsqualitäten in %

	Gute sp. LG.	Mittlere sp. LG.	Schlechte sp. LG.
Geringe Angepaßtheit	11,86 %*	22,03 %*	16,94 %
Deutliche Angepaßtheit	48,30 %	38,98 %	46,61 %
Ausgeprägte Angepaßtheit	39,83 %	38,98 %	36,44 %

7. *Steuerung* (Regulierung des Verhaltens im Sinne einer übergreifenden Absicht, Ich-Kontrolle, Ich-Stärke, Überich-Stärke, prospektive Sphäre)

Thomae (T 3) definiert Steuerung als den Versuch der Herstellung der Angepaßtheit des eigenen Verhaltens an die geltenden Existenzbedingungen auf möglichst lange Sicht.

Steuerung meint Längsschnitteinheit der Persönlichkeit, bzw. Einheit des Verhaltens über einen längeren Zeitabschnitt hinweg (C 1).

Steuerung kann durch *Verhaltenskorrekturen* (Umlenkung und Umprägung ablaufender Geschehnisse gemäß den Erfordernissen eines übergeordneten Sinngebietes), *Hemmung und Unterbrechung* (Unterbindung ablaufender Geschehnisse durch Eingriff eines übergeordneten Sinngebietes), *Verdrängung* (Verschiebung von Handlungsantrieben aus einer Sphäre äußerer Gefährdung in eine solche geringerer Bedeutsamkeit) deutlich werden.

Remplein (R 7) rechnet die Steuerung dem Antrieb zu und bezeichnet diese unspezifische, nicht zielgerichtete vitale Kraftquelle als Ursprung sowohl der Triebe und Triebfedern wie auch des Willens (als Steuerungsfunktion).

Die Schichttheoretiker bezeichnen die Steuerung als *Rindenperson.* Die Rindenperson überlagert die Tiefenperson, wobei die Gefühlswallungen (Affekte) und Triebe und Triebfedern kontrolliert und gebremst werden, aber doch erhalten bleiben. In bestimmten schockartig wirkenden Situationen wird die kortikale Steuerung vorübergehend ausgeschaltet, die Rindenperson sozusagen akut abgebaut, so daß die subkortikalen Erlebnisse und Reaktionsweisen ungehemmt und unkontrolliert zur Wirksamkeit gelangen.

In der *Vorpubertät* gelingt die Steuerung der psychischen Energie zunächst nur in sehr mäßigen Grenzen. Der Wille ist den starken Antrieben, die sich nun regen, nicht gewachsen, weil er bisher auf die Eroberung und Bemächtigung der Außenwelt eingestellt, zur Bewältigung der neu aufgebrochenen Innenwelt nicht fähig ist. Daher kommt es, daß der Wille mindestens zeitweise von den aus der Tiefe aufsteigenden dunklen Kräften überwältigt wird. Auch im Bereich des Wollens ist die für die Vorpubertät charakteristische Gegensätzlichkeit vorhanden, indem pathisches Getriebensein und bewußte Steuerung hart nebeneinanderstehen und das Verhalten wechselweise bestimmen.

In der *Pubertät* erwacht im Jugendlichen das Bewußtsein der Aufgabe, in das innere Chaos Ordnung zu bringen, um sich der anstürmenden Flut innerseelischer Antriebe mit der Kraft des Willens entgegenzuwerfen. Der einsetzende Wille zur Selbstgestaltung und Selbsterziehung kennzeichnet demgemäß den Beginn der geistigen Pubertät. Das Ich nimmt den Kampf mit dem Es auf. In der Pubertät nimmt die auf sich selber zurückblickende Seele die eigene Führung und Leitung selbst in die Hand und steuert die weitere innere Entwicklung weitgehend selbstherrlich.

Eine Aktivitätsform übernimmt die Führung, die Thomae mit den Attributen „sehend geworden", „hochorganisiert", „vorherschauend, vordenkend und das Verhalten auf lange Sicht bestimmend" versieht, welche als „planendes Ich", „Orientiertheit an konkreten Zielen, Aufforderungscharakteren und

Wirkungsmitteln“, „allgemeinere, umfassendere Richtungskonstante“, „Person im ethischen Sinne“ bezeichnet wird.

Für die Zuordnung der Jugendlichen der deutschen Längsschnittuntersuchungen zu den verschiedenen Steuerungsvarianten wurde die Beobachtung der Lehrer über Ausdauer, Ablenkbarkeit der Aufmerksamkeit, Beherrschtheit oder Ungezügeltheit der Phantasie, Beherrschtheit oder Triebhaftigkeit des Willens verwandt. Auch die verschiedenen Tests einschließlich des Intelligenztests gaben Hinweise auf Ausdauer, Reichweite und Ansatzpunkt der Steuerung.

Bei Betrachtung der Verteilung fällt auf, daß die gute sportliche Leistungsgruppe im engen „Normalbereich“ der Steuerung am stärksten vertreten ist, während die mittlere sportliche Leistungsgruppe im Bereich stärkerer Steuerungsintensität hervorragt.

Ein Unterschied ausreichender Signifikanz fand sich aber nur im engen „Normalbereich“ zwischen den „Gesammelten“ der guten und mittleren Leistungsgruppe.

Folglich ist im Ausschulungsalter die Abhängigkeit der sportlichen Leistung von der Intensität und Qualität der Steuerung problematisch. Es kann nur festgestellt werden, daß der Regulationsfaktor „Steuerung“ in seiner ausgewogenen mittleren Stärke und Qualität am stärksten in der guten sportlichen Leistungsgruppe wirksam ist.

Tabelle 36. Zusammengefaßte Steuerungsqualitäten in %

	Gute sp. LG.	Mittlere sp. LG.	Schlechte sp. LG.
Mangelnde Ausdauer und Beherrschung	11,86%	20,33%	16,94%
Genügende Ausdauer und Beherrschung	48,30%*	31,35%*	44,91%
Gute Ausdauer und Beherrschung	39,83%	48,30%	38,13%

8. *Differenzierung* (Reichhaltigkeit und Durchgestaltung der Triebkräfte und Fähigkeiten)

Der Begriff Differenzierung soll Aussagen über den Entwicklungszustand den Reifegrad, die Fähigkeiten und Fertigkeiten und die Hauptanliegen und Hauptnöte der Persönlichkeit ermöglichen.

„Entwicklung ist die nach immanenten Gesetzen (Bauplan) sich vollziehende, fortschreitende, unumkehrbare Veränderung eines ganzheitlichen Gebildes, die sich als Differenzierung (Ausgliederung) einander unähnlicher Teilgebiete bei zunehmender Struktuierung (gefügehafter Ordnung) und funktionelle Zentralisierung (Unterordnung der Glieder und Funktionen unter beherrschende Organe) darstellt (R 7)."

„Unter Reifung verstehen wir, biologisch gesehen, einen autonomen, d.h. nach inneren Gesetzen, stufenweise verlaufenden Entwicklungsvorgang psychosomatischer Art, durch den bestimmte Eigenschaften bzw. Funktionen zutage gefördert werden, welche dem Individuum seine volle und endgültige Lebensanpassung vermitteln (K 22)."

Unter *Fähigkeiten* versteht Thomae Leistungsvoraussetzungen wie u. a. Gewandtheit, Geschicklichkeit, Übersicht, Kombination, Gestaltung; unter *Fertigkeiten* versteht er Resultate der Übung (T 5).

Hauptanliegen sind u. a. Strebungen, Triebfedern, Bedürfnisse (T 5).

Remplein bezeichnet Strebungen als ausschließlich seelisch-geistige Triebfedern, die nur dem Menschen eignen und jeden einzelnen auf ganz individuelle Ziele ausrichten. *Ziele im vitalen Bereich* sind Genuß- und Erlebnisdrang als Strebungen des lebendigen Daseins. *Ziele im Bereich des Selbst* sind Erwerbs-, Geltungs- und Machtstreben als Strebungen des individuellen Selbstseins.

Ziele außerhalb des eigenen Selbst sind Gesellungsdrang, Schaffensdrang und Interessen als Strebungen des Über-sich-hinaus-Seins. Strebungen sind Zeichen der Umweltfreiheit und Weltoffenheit des Menschen (R 7).

Die Entwicklung hat also zwei Seiten: Reifen und Lernen, die gedanklich auseinandergehalten werden müssen, wenn sie auch in der Lebenswirklichkeit auf's engste zusammenwirken. Das Lernen setzt einen bestimmten Reifungsgrad des Organismus, seiner Organe und Funktionen voraus (R 7).

Die in der Vorpubertät freiwerdenden Energien werden weniger von den Triebfedern des Über-sich-hinaus-Seins, als vielmehr von denen des lebendigen Daseins und des *individuellen Selbstseins,* die eine Intensivierung erfahren, aufgesaugt. Zu einem zeitweise starken Tätigkeitsdrang gesellt sich ein zum Erlebnishunger angewachsener *Erlebnisdrang* (R 7). Eine besondere Form des Erlebnisdranges ist der Hunger nach Abenteuern. Auch der Wanderdrang, der Zug in die Ferne und Fremde hängt mit dem Erlebnisdrang eng zusammen. Der Erlebnishunger ist die Wurzel der Lesewut dieser Jahre, wie auch des deutlich wachsenden Verlangens nach Kinobesuch.

Das Geltungsstreben wird abermals gesteigert und wächst mitunter zur Geltungssucht an. In ihr wurzelt der Rekordfimmel der Jungen, die durch sportliche Leistungen zeigen wollen, daß sie etwas Besonderes sind. Was ihnen an tatsächlichem Können fehlt, um Anerkennung und Bewunderung zu gewinnen, ersetzen sie manchmal durch Großsprecherei.

Die Sicht- und Meßbarkeit der sportlichen Leistung drängt zum Vergleich. Das gesamte Jugendalter ist von einer Leistungssehnsucht durchzogen, die im Sport teilweise befriedigt werden kann. Die Stellung des Wachsenden im sozialen Gefüge ruft ihm immer wieder in das Bewußtsein, daß er „noch nichts kann", daß seine Leistung noch nicht ernst zu nehmen ist. Auf anderen Gebieten werden Anstrengungen von ihnen gefordert, deren Erfolg sie erst nach Jahren erkennen können. Der Sport dagegen eröffnet dem jungen Menschen ein Reich, in dem seine Leistungen gelten, er kann sie sehen, messen und vergleichen. Der Erfolg folgt der Anstrengung unmittelbar (S 2).

Remplein (R 7) definiert Sport als Tätigkeit, die ihre physiologische Ursache im Kraftüberschuß des gesunden Organismus, ihre seelischen Wurzeln in Betätigungsdrang und -lust sowie in dem Drang nach einer das Lebensgefühl erhöhenden existentiellen Erregung, ihren entwicklungsmäßigen Sinn in Formung der leib-seelischen Kräfte und Weckung bzw. Steigerung des Selbstbewußtseins hat.

Der entwicklungsmäßige Sinn vieler an sich sinnloser Beschäftigungen dieses Alters liegt in der Übung des Willens. Der gesteigerte Tatwille der sich in Rekordleistungen aller Art, Bastelfreude, Sammeleifer u. dgl. dartut, wird sich bewähren, wenn in den nächsten Phasen eine eigene Wertwelt aufzubrechen beginnt, für deren Verwirklichung der Wille sich einzusetzen hat.

Diagnostische Hinweise für die Zuordnung der Jugendlichen der deutschen Längsschnittuntersuchungen zu den verschiedenen Differenzierungsgraden waren die Angaben der Lehrer über Reichtum bzw. Schwerfälligkeit des Denkens, Reichtum bzw. Dürftigkeit der Phantasie und über spezifische Begabungen. Außerdem benutzte der Psychologe die freie Zeichnung, die Art der Erzählung der Binet-Geschichte, den Inhalt des Wartegg-Erzähltestes, die Art der Begründung der Wahl im Physiognomischen Test als Kriterien für die Zugehörigkeit zu den einzelnen Differenzierungsgraden.

Es fanden sich Unterschiede sehr guter Signifikanz zwischen den „Einsilbigen" der mittleren und schlechten sportlichen Leistungsgruppe, den „Noch-Unentfalteten" der guten und schlechten sportlichen Leistungsgruppe, den „Aufgeschlossenen" der guten und schlechten sportlichen Leistungsgruppe. Ein Unterschied ausreichender Signifikanz trat zwischen den „Vielseitig Differenzierten" der guten und schlechten sportlichen Leistungsgruppe in Erscheinung.

Die Zusammenfassung der Differenzierungsgrade und -qualitäten ergab Unterschiede hoher Signifikanz zwischen den „Genügend Entfalteten" und „Gut Entfalteten" der guten und schlechten sportlichen Leistungsgruppe. Ein Unterschied ausreichender Signifikanz war zwischen den „Mangelhaft Entfalteten" der guten und schlechten sportlichen Leistungsgruppe vorhanden.

Der Regulierungsfaktor Differenzierung ist wahrscheinlich wegen des Standes der Allgemeinentwicklung im Ausschulungsalter noch nicht voll wirksam. Auffälligerweise zeigt er seine volle Intensität bei einem Teil der Jugendlichen der schlechten sportlichen Leistungsgruppe, während er in seiner mittleren Intensität bei den Jugendlichen der guten sportlichen Leistungsgruppe dominiert. *Demnach besteht im Ausschulungsalter mit großer Wahrscheinlichkeit eine Abhängigkeit sportlicher Leistungsfähigkeit von einer ausgewogenen Differenzierung und eine konträre Abhängigkeit von einer ausgeprägten Differenzierung.*

Tabelle 37. Zusammengefaßte Differenzierungsqualitäten in %

	Gute sp. LG. 118	Mittlere sp. LG. 118	Schlechte sp. LG. 118
Mangelnde Entfaltbarkeit und Ansprechbarkeit	48,30 % *	57,62 %	61,86 % *
Genügende Entfaltung und Ansprechbarkeit	47,45 % **	37,28 %	22,03 % **
Gute Entfaltung und Ansprechbarkeit	4,23 % **	5,08 %	16,10 % **

9. *Verfestigung.* (Stabilität des seelischen Gefüges vor der jeweils gegenwärtigen Situation, Halt, Festigkeit, Rigidität, Änderungsresistenz)

Einen bestimmten Verfestigungsvorgang, den wir als „Einprägen" und „Merken" bezeichnen, macht der Organismus nach jeder vollbrachten Orientierung und der dadurch ermöglichten sinnvollen Anpassung mit. (T 7).

Die Verfestigung ist als *„Fixierung des Sinnvollen"* nicht nur Ergebnis der mannigfaltigen Orientierungsschritte des sich anpassenden Individuums.

Es werden im somatischen Bereich nun bestimmte Strukturen und Haltungen, die sich als lebenswichtig erweisen, verfestigt. „Jedes Manifestwerden von Vorgängen und Eigenschaften ist also das Ergebnis der Fixierung erfolgreicher Probierbewegungen."

Reifung und Verfestigung unterscheiden sich vor allem dadurch, daß die erstgenannte Vorgangsart vor allem inneren Impulsen gehorcht, während die Verfestigung das Gerinnen von Geschehnissen unter ganz bestimmten exogenen Bedingungen, d.h. die Fixierung bestimmter Orientierungen allgemeiner Richtungsvorgänge meint.

Die Prägungs- und Verfestigungsvorgänge haben ihre spezifische Aufgabe darin, Anlage zu Eigenschaften zu konkretisieren. Der Verfestigungsvorgang stellt eine Synthese von Richtung und Orientierung dar.

Durch sie werden vage Neigungen zu festen Entschlüssen oder konkreten Interessen, allgemeine Fähigkeiten zu bestimmten Fertigkeiten (C 1).

Den Erkenntnissen moderner Entwicklungspsychologen zufolge ist die eigentliche Zeit der Verfestigung des Charakters die Phase der Adoleszens. In der Vorpubertät und Pubertät setzt ein radikales Durchprobieren aller Möglichkeiten der Durchsetzung und des Sichauslebens ein.

Die *Selbstsicherheit*, ein weiterer Bereich relativer Konstanz des Verhaltens wird von Thomae (T 6) eng mit dem der Verfestigung verbunden.

Schröder umschrieb „Halt" durch „Festigkeit" bzw. Bestimmbarkeit, *Haltlosigkeit* durch „leichte Verführbarkeit", *Haltstärke* durch Selbstsicherheit, Unbekümmertheit, Geschlossenheit der Persönlichkeit.

Thomae hält die Verfestigung für einen weiteren Bereich möglicher Konstanz menschlichen Verhaltens und versteht darunter die Festigkeit des menschlichen Gefüges gegenüber dem Druck einer bestimmten Situation. Die Änderungsresistenz bezieht sich in erster Linie auf das akute Verhalten, nicht auf die langwelligen Veränderungen.

Thomae meint, daß frühkindliche Erfahrungen des Individuums letztlich die Einstellung zur Konformität mit der herrschenden Majorität und Autorität schaffen; diese Einstellung macht resistent gegen die Übernahme fremder Auffassungen, Erscheinungen und Normen. Die Chancen für die Änderung dieser Einstellung werden als sehr gering eingeschätzt.

Haltschwäche und Haltstärke als Varianten der Resistenz gegenüber Anlässen zu sozialkritischen und normwidrigen Verhaltensänderungen sind ebenfalls in hohem Maße konstante Züge. „Perseveration" ist eine neutrale Bezeichnung für diesen Bereich konstanter Verhaltensweisen.

Unter Haltschwäche wird eine sozial bedenklich geringe Änderungsresistenz verstanden. Ungebundene haben die Fähigkeiten zur Ablösung von den Dingen, also eine bestimmte Form der Beweglichkeit und Flüssigkeit. Eine leichte Form der Haltschwäche ist die Labilität, wobei die Labilität des Gutmütigen von der des Selbstunsicheren zu unterscheiden ist. Die Labilität bedeutet eine Umstrukturierung, die nur sehr speziellen Aspekten der Situation Rechnung trägt und auf diese speziell reagiert. Dabei wird die bisher eingenommene Richtung des Verhaltens verlassen, eine Thematik kann sich gar nicht bilden.

Unter *Plastizität* wird eine Veränderungsresistenz verstanden, welche dem Gehalt der Situation Rechnung trägt und aus ihr heraus eine schöpferische Umstruktuierung der Persönlichkeit bei weitgehender Erhaltung der Thematik und Gesamtorientierung vornimmt.

Die Einstufung der Fälle bei den deutschen Längsschnittuntersuchungen nahm der Psychologe nach der Stabilität des seelischen Gefüges, insbesondere von Selbstgefühl, Leistungsbereitschaft und Leistungsfähigkeit innerhalb der Untersuchungssituation vor. Diagnostische Hinweise wurden den Spalten „Aufmerksamkeit" und „Gedächtnis" des Lehrerberichts entnommen.

Mit Hilfe der verschiedenen Tests wurden insbesondere Art und Grad der Konzentration (fixierende und fluktuierende Aufmerksamkeit), Gleichmäßigkeit der Leistung, Neigung zu Wiederholungen und Stereotypien festgestellt.

Aus der differenzierten und zusammengefaßten Verteilung der Verfestigungsqualitäten ergeben sich keine signifikanten Unterschiede zwischen den Vertretern der drei sportlichen Leistungsgruppen. *Im Ausschulungsalter besteht also keine Abhängigkeit sportlicher Leistung von der Verfestigung, der Stabilität des seelischen Gefüges vor der jeweils gegenwärtigen Situation.*

Tabelle 38. Zusammengefaßte Verfestigungsqualitäten in %

	Gute sp. LG. 118	Mittlere sp. LG. 118	Schlechte sp. LG. 118
Mangelnde Sicherheit und Selbständigkeit	52,54%	54,23%	57,62%
Genügende Sicherheit und Selbständigkeit	33,89%	31,35%	30,50%
Überbetonte Sicherheit und Selbständigkeit	13,55%	14,40%	11,71%

C) Schulsituation, Schulart und Schulleistungen

Die Schulsituation und die Schulart können sowohl als Faktoren der seelischen als auch der sozialen Struktur angesehen werden. Sie finden in diesem Kapitel Erwähnung, da es hier auf ihren Zusammenhang mit den Schulleistungen ankommt.

Tabelle 39. Schulsituation in %.

	Gute sp. LG. 118	Mittlere sp. LG. 118	Schlechte sp. LG. 118
Altersgemäß	65,25%	66,95%	55,93%
Einmalig repetiert	11,01%	10,16%	13,55%
Zwei odermehrmals repetiert	1,69%	1,69%	3,38%
Überaltert aus außerschulischen Gründen	9,32%	7,62%	7,62%
Auffällig jung	0,84%	2,54%	3,38%
Gescheiterter Eintritt in die höhere Schule		0,84%	1,69%
Verspäteter Eintritt in die Ober- u. Mittelschule ohne Sitzenbleiben	10,16%	10,16%	13,55%
Verspäteter Eintritt in die Ober- u. Mittelschule mit Sitzenbleiben	1,69%		0,84%

Tabelle 40. Durchschnittswerte der Zensuren in Deutsch und Rechnen

	Gute sp. LG.		Mittlere sp. LG.		Schlechte sp. LG.	
Durchschnittszensuren in Deutsch	3,1	2,91	3,23	2,90	3,18	2,88
in Rechnen	3,26	3,32	3,44	3,22	3,39	3,18
Sigma zwischen 0,10 – 0,14						

Hinsichtlich der Schulsituation, der Schulart und der Leistungen in den Kernfächern Deutsch und Rechnen bestehen keine deutlichen Unterschiede zwischen den drei sportlichen Leistungsgruppen. Nur in Deutsch erzielen die Mädchen aller drei sportlichen Leistungsgruppen um 3/10 bessere Durchschnittszensuren als die Buben.

Für diesen Unterschied besteht statistisch eine gute Signifikanz.

Die Durchschnittswerte der Zensuren in Deutsch und Rechnen wollen nichts über die Schulleistungen der Probanden aussagen. Sie sollen nur einen groben Anhalt für die Leistungsfähigkeit in zwei Kernfächern geben. R. und G. Paschlau (P 5) haben unmißverständlich darauf hingewiesen, daß wegen der großen Niveau- und Bewertungsunterschiede in den einzelnen Schulen eine Einstufung nach absoluten Schulnoten ein falsches Bild gibt.

Zur Vermeidung von Fehlbeurteilungen ist es erforderlich, jeden einzelnen Probanden gemäß der Durchschnittsleistung der Klasse in einem bestimmten Fach in seiner Zugehörigkeit zu einer Mittelgruppe oder einer guten und schlechten Leistungsgruppe einzuordnen. Solche differenzierten Unterlagen liegen hier nicht vor. Sie sind sicherlich dann notwendig, wenn von den Schulleistungen ein besonderer Aussagewert erwartet wird.

Aber für eine wichtige Feststellung reicht dieses negative Ergebnis aus: *Gute sportliche Leistung hat keine negativen Folgen für die Schulleistung.*

IV. Die soziale Struktur der drei sportlichen Leistungsgruppen

Der früheste und lange Zeit fast ausschließlich auf das Kind wirkende *Mitweltkreis* ist die *Familie.* Besonders Schelsky (S 4) bemüht sich darum, die Nachkriegsjugend in ihrer Umwelt zu erfassen. Er sieht es als Aufgabe an, für die Stellung und das Verhalten des Jugendlichen innerhalb des familiären Lebens die strukturellen Elemente zu erfassen, die aus der gegenwärtigen Verfassung der Familie auf dieses Verhalten des Jugendlichen einwirken.

In der Familie erfolgt die erste soziale Anpassung; in ihr stehen sich die beiden Geschlechter wie auch die alte und junge Generation spannungsvoll gegenüber. Als echte Gemeinschaft aktualisiert die Familie geistige Werte und tradiert kulturelle Gehalte, wodurch sie das geistige Leben im Kind weckt und im Jugendlichen zusammen mit anderen Bildungsmächten gestaltet (R 7). Die Wirksamkeit der häuslichen Erziehung hängt freilich von der Intaktheit und wirtschaftlichen Lage der Familie ab; die unvollständige und gestörte Familie verliert an positiv formender Kraft und die wirtschaftliche Notlage der Familie bringt mannigfache, für die Entfaltung des Lebens der Kinder nachteilige Belastungen mit sich.

Die von Coerper entwickelte „sozialbiologische Diagnose" umfaßt die Struktur der Familie, die Lebensbedingungen und Leistungsfähigkeit der Familie und die Gesundheit der Familie.

1. Auf Grund dieser Überlegungen sind Lebensbedingungen, sozialer Wohlstand, Berufe der Väter und Mütter und Wohnungsstruktur zu der sportlichen Leistung der Kinder in Beziehung gesetzt worden. Es ergaben sich nur zwei geringe Hinweise. Die Kinder von Angestellten stellen einen etwas größeren Anteil bei den guten sportlichen Leistungen und das durchschnittliche Monatseinkommen 1959 liegt bei der schlechten sportlichen Leistungsgruppe mit 684 DM gegen 743 und 744 der beiden anderen Gruppen um 60 DM niedriger.

2. *Die Struktur der Familie.* Schelsky (S 4) untersucht eingehend die Frage, wie sich die sozialen Umstände der Flüchtlingssituation auf das soziale Verhalten der heimatvertriebenen Jugend ausgewirkt haben. Er kommt zu dem Schluß, daß die Notsituation und soziale Deklassierung zur Anspannung aller Kräfte der sozialen Anpassung und Eingliederung geführt hat. Die heimatvertriebene Jugend hat sich in ihren Lebensbereichen durch hohe soziale Mobilität, ausgeprägten Anpassungswillen, starkes soziales Durchsetzungsvermögen und

Aufstiegsstreben ausgezeichnet. Sie ist in keiner Weise als sozial abwegige oder gefährdete Verhaltensgruppe anzusehen, sondern allenfalls „der Vortrupp des industriegesellschaftlichen Gestaltwandels der Jugend überhaupt“ (S 4).

In der Verteilung *„Herkunft der Familie“* (Tab. 41) ist der Anteil der Vertriebenen und Ostzonenflüchtlinge relativ gering. Fast dreimal so groß ist der Anteil der freiwillig Zugezogenen, d. h. der Familien, die sich aus eigener Initiative in Stuttgart niedergelassen haben (berufliche, wirtschaftliche und sonstige Gründe).

Die mittlere sportliche Leistungsgruppe hat in der Verteilung den höchsten Anteil an Einheimischen, die gute sportliche Leistungsgruppe den niedrigsten. Statistisch besteht ein Unterschied ausreichender Signifikanz zwischen der Häufigkeit von Einheimischen und Nichteinheimischen der guten und mittleren sportlichen Leistungsgruppe.

Folglich besteht im Ausschulungsalter mit mittelgroßer Wahrscheinlichkeit eine teilweise Abhängigkeit sportlicher Leistungen von der Herkunft der Familie. Familieneinwanderung auf Grund höherer Gewalteinwirkung oder eigener Initiative übt einen fördernden Einfluß auf die sportliche Leistungsfähigkeit aus.

Tabelle 41. Herkunft der Familien

	Gute sp. LG.	Mittlere sp. LG.	Schlechte sp. LG.
Einheimische	55,08 %*	69,49 %*	60,16 %
Vertriebene	11,01 %	7,62 %	8,47 %
Ostzonenflüchtlinge	1,69 %	0,84 %	0,84 %
Freiwillig Zugezogene	32,20 %	22,03 %	30,50 %
Nichteinheimische insgesamt	44,92 %	30,54 %	39,84 %

Alle Aussagen über die Familie wurden gleicherweise über eventuelle Beziehungen zur sportlichen Leistung nachgeprüft. Weder für die unehelichen Kinder noch für die Stufen des Zusammenhaltes der Familie ergaben sich irgendwelche Unterschiede.

V. Die körperliche, seelische und soziale Struktur der an den Bundesjugendspielen Nichtbeteiligten

Jeder Schul- und Sportarzt kennt vom Fragenkomplex „Schulturnbefreiung" her, die Gründe, die nicht schwer in ihren Funktionen behinderte Jugendliche dazu bewegen, dem Sport in der Schule und im Verein auszuweichen: der wichtigste von ihnen ist *der direkte Leistungsvergleich.*

Es liegt im Wesen des Sports, daß er auf die Bewährungsprobe, den Leistungsvergleich hindrängt. Der Leistungsschwache hat es gerade in der *1. Pubertätsphase* schwer, sich in der Gemeinschaft der leistungsfähigen Schulkameraden zu behaupten, denn *Kritik-* und *Renommiersucht* sind typische Züge dieses Alters. Der Vorpubertierende pumpt gleichsam durch sein äußeres Gehabe sein Selbstwertgefühl solange künstlich auf, bis er am Ende selber glaubt, daß er ein besonderer Kerl ist (R 7). Dabei hilft ihm die Phantasie, die in den Dienst der Geltungssucht tritt. „In lebhaften Tagträumen sieht sich der Junge als berühmter Mann, Sportheld, Entdecker; das Mädchen sieht sich als allseits bewunderte Frau, als Filmstar und Dame der großen Welt (R 7)." Hinter dem lärmenden, polternden und flegelhaftem Benehmen der Jungen, ihren lauten Reden, den derben Kraftausdrücken, dem gröhlenden Gelächter und Kraftprotzentum steht das starke Geltungsstreben dieser Phase. Dieselbe Wurzel hat die Kritiksucht dieses Alters; *der andere wird* aus dem Bedürfnis heraus, sich überlegen zu zeigen und hervorzutun, *herabgesetzt und abgewertet.*

Auch die *Ichaufbauschungstriebfedern der 2. Pubertätsphase,* der Phase der größten Kontaktarmut, lassen bei den leistungsfähigen Jugendlichen kein Verständnis für die Leistungsschwachen aufkommen.

Diese negative Einstellung gegenüber den Leistungsschwachen wird durch die Funktionäre der meisten Jugendgruppen und Sportvereine noch unterstützt. Sie lassen den Hochleistungsfähigen eine ungerechtfertigte Heldenverehrung angedeihen.

A. Die körperlichen Unterschiede zwischen den an den Bundesjugendspielen Beteiligten und Nichtbeteiligten

Bei den an den Bundesjugendspielen nichtbeteiligten Stuttgarter Schülern der Längsschnittuntersuchung besteht der bei den Beteiligten schon festgestellte Unterschied hoher Signifikanz im *durchschnittlichen Körpergewicht* zwischen den männlichen und weiblichen Gruppenangehörigen nicht. Das Durchschnittsgewicht der Nichtbeteiligten liegt deutlich über dem der Beteiligten, wenn diese Differenz auch wegen der großen Streuung der Gewichte bei den Nichtbeteiligten statistisch nicht zu sichern ist.

Bei den Nichtbeteiligten bestehen also hinsichtlich des Gewichts keine geschlechtsgebundenen Unterschiede sehr guter Signifikanz; ihr Durchschnittsgewicht übertrifft andeutungsweise das der Beteiligten.

In der *durchschnittlichen Körpergröße* sind keine signifikanten Unterschiede zwischen den Beteiligten und Nichtbeteiligten festzustellen. Die kleine Gruppe der an den Bundesjugendspielen nichtbeteiligten Buben ragt nur etwas über das sonst allgemeine Größenniveau heraus.

Tabelle 42. Durchschnittliche Körpergewichte in kg der an den Bundesjugendspielen Beteiligten und Nichtbeteiligten 1959

	354 Beteiligte		30 Nichtbeteiligte	
	180 Buben	174 Mädchen	7 Buben	23 Mädchen
Durchschnittliches Körpergewicht	47,17 ***	50,61 ***	55,50	56,95
Sigma	0,71	0,57	5,95	3,21

Tabelle 43. Durchschnittliche Körpergröße in cm der an den Bundesjugendspielen Beteiligten und Nichtbeteiligten im Jahre 1959

	354 Beteiligte		30 Nichtbeteiligte	
	180 Buben	174 Mädchen	7 Buben	23 Mädchen
Durchschnittliche Körpergrößen	160,25	160,0	164,0	161,34
Sigma	0,61	0,46	3,43	2,70

Die *durchschnittliche Arm- und Bauchfettdicke* ist auch in dieser Verteilung zwischen männlichen und weiblichen Jugendlichen hochsignifikant verschieden. Außerdem besteht ein Unterschied guter Signifikanz in der Arm- und

Bauchfettdicke zwischen den an den Bundesjugendspielen beteiligten und nichtbeteiligten Mädchen. *Die an den Bundesjugendspielen nichtbeteiligten weiblichen Jugendlichen sind also in ihrer Leistungsfähigkeit deutlich durch ein größeres Fettpolster eingeschränkt.*

Tabelle 44. Durchschnittliche Armfettdicke und Bauchfettdicke in mm der an den Bundesjugendspielen Beteiligten und Nichtbeteiligten im Jahre 1959

	354 Beteiligte		30 Nichtbeteiligte	
	180 Buben	174 Mädchen	7 Buben	23 Mädchen
Durchschnittliche Armfettdicke	6,39 ***	9,43 ***	8,57	11,78 **
Sigma	0,21	0,23	2,06	1,02
Durchschnittliche Bauchfettdicke	9,72 **	19,97 **	16,85	25,86 **
Sigma	0,18	0,65	6,07	2,50

Die nachfolgende Tabelle zeigt noch einmal die sehr gute Signifikanz der Unterschiede zwischen der *Vitalkapazität* der Buben und Mädchen bei den Beteiligten. Die Nichtbeteiligten sind aber nicht durch eine niedrigere Vitalkapazität belastet.

Tabelle 45. Durchschnittliche Spirometerwerte in ccm der an den Bundesjugendspielen Beteiligten und Nichtbeteiligten im Jahre 1959

	354 Beteiligte		30 Nichtbeteiligte	
	180 Buben	174 Mädchen	7 Buben	23 Mädchen
Durchschnittliche Spirometerwerte	2936 ***	2633 ***	3371	2560

Hinsichtlich der Konstitution und des Allgemeinzustandes bestehen keine signifikanten Häufigkeitsdifferenzen zwischen den an den Bundesjugendspielen beteiligten und nichtbeteiligten Stuttgarter Jugendlichen.

Tabelle 46. Allgemeinzustand

	354 Beteiligte	30 Nichtbeteiligte
Guter Allgemeinzustand	30,50 %	50,00 %
Mittlerer Allgemeinzustand	55,64 %	33,33 %
Schlechter Allgemeinzustand	13,83 %	16,66 %

Erstaunlich ist, daß das Wachstumsgipfelalter und der Umschlag von der 1 – 2 PP der nichtbeteiligten Buben fast ein Jahr vor dem der beteiligten Buben liegt. Statistisch ist dieser Unterschied bezüglich des Wachstumsgipfelalters sehr gut, bezüglich des Phasenumschlagalters ausreichend signifikant. *Demnach sind die unbeteiligten Buben größtenteils Frühentwickler.*

Zwischen den an den Bundesjugendspielen beteiligten und unbeteiligten Mädchen sind im Hinblick auf die drei Entwicklungsstationen Wachstumsgipfelalter, Alter des Umschlags von der 1. – 2. Pubertätsphase und Menarchealter keine Unterschiede zu konstatieren.

Tabelle 47. Durchschnittliche Reifedaten der an den Bundesjugendspielen Beteiligten und Nichtbeteiligten

	Beteiligte (312 Erfaßte)		Nichtbeteiligte (25 Erfaßte)	
	162 Buben	150 Mädchen	7 Buben	18 Mädchen
Durchschnittliches Wachstumsgipfelalter	13,97 ***	12,17 ***	13,01 ***	11,98
Sigma	0,039	0,069	0,33	0,56
Durchschnittlicher Übergang von der 1.–2. PP in Jahren	14,42 ***	12,78 ***	13,51 *	12,64
Sigma	0,080	0,085	0,28	0,28
Durchschnittliches Menarchealter in Jahren		13,07		12,85
Sigma		0,146		0,27

Wenn auch insgesamt die Gruppe der Nichtbeteiligten durch endokrine Störungen, Dysplasien und chronische Hauterkrankungen stärker belastet ist als die Gruppe der Beteiligten, lassen sich dennoch bei den einzelnen Störungen statistisch keine Häufigkeitsunterschiede sichern.

Während Narben und Brüche bei den an den Bundesjugendspielen Beteiligten und Nichtbeteiligten gleichmäßig verteilt sind, besteht eine auffallende Belastung der Gruppe der Nichtbeteiligten durch Fehler und Erkrankungen der Muskulatur und des Bindegewebes. *Platt-Senkfüße sind bei den Nichtbeteiligten fast dreimal so häufig wie bei den Beteiligten. Statistisch ist dieser Unterschied ausreichend signifikant.*

Tabelle 48. Fehler und Erkrankungen der Muskulatur und des Bindegewebes.

	354 Beteiligte	30 Nichtbeteiligte
Platt-Senkfüße	9,28 %*	26,66 %*
Spreizfüße	3,39 %	
Knickfüße	27,40 %	33,33 %
Schiefhals	2,25 %	3,33 %

Haltungsfehler, Skelettfehler, Lymphdrüsenaffektionen, Nasen- und Munderkrankungen sind bei der beteiligten und nichtbeteiligten Gruppe gleichmäßig verteilt.

Tabelle 49. Zusammengefaßte Haltungscharakteristik

	354 Beteiligte	30 Nichtbeteiligte
Gute Haltung	33,89 %	26,66 %
Schlechte Haltung	64,39 %	73,33 %
Krankhafte Haltung	1,69 %	

Der statistische Vergleich der Zahl der Störungen von Herz und Kreislauf ergab keinen Unterschied zwischen den beiden Gruppen der Teilnehmer und Nichtteilnehmer. Es wurde deshalb noch das Verhalten der verschiedenen Komponenten der Kreislaufprüfung nach Schellong nachgeprüft. Dabei ergab sich folgendes:

Tabelle 50. Durchschnittliche halbe Pulsfrequenz nach 5 Minuten Ruhe während der Regulationsprüfung bei den Beteiligten und Nichtbeteiligten

Erfaßte	Beteiligte		Nichtbeteiligte	
	177 Buben	170 Mädchen	7 Buben	23 Mädchen
Durchschnittliche P/2 nach 5 Min.	40,18 ***	41,92 **	46,14 ***	45,39 **
Sigma	0,43	0,43	1,61	1,30

Die Verteilung der an den Bundesjugendspielen Beteiligten und Nichtbeteiligten in Bezug auf ihre Pulsfrequenz nach 5 Minuten Ruhe ergibt, daß die Pulsfrequenzen der Nichtbeteiligten deutlich höher als die der Beteiligten sind.

Die statistische Prüfung beweist hinsichtlich der Pulsfrequenz nach 5 Minuten Ruhe einen ausgeprägten Unterschied zwischen den an den Bundesjugendspielen beteiligten und nichtbeteiligten Buben und einen deutlichen Unterschied zwischen den beteiligten und nichtbeteiligten Mädchen.

Demnach besteht mit sehr großer Wahrscheinlichkeit bei den männlichen Jugendlichen im Ausschulungsalter ein Zusammenhang des Leistungsverzichts und der Leistungsschwäche mit der Höhe der Pulsfrequenz nach 5 Minuten Ruhe; bei den weiblichen Jugendlichen ist die Wahrscheinlichkeit des Zusammenhanges groß.

Tabelle 51. Durchschnittliches Verhalten des systolischen Blutdrucks während der Ruhe, des Stehens und der Belastung.

Erfaßte	Beteiligte		Nichtbeteiligte	
	177 Buben	170 Mädchen	7 Buben	23 Mädchen
Hoher Verlauf	9,0%	19,4%	28,5%	30,4%
Mittlerer Verlauf	64,9%	61,7%	57,1%	48,1%
Niedriger Verlauf	25,9%	18,8%	14,2%	21,7%
Durchschnittlicher Ruheblutdruck	114,51	112,56	115,71	114,56

Der durchschnittliche Blutdruck nach Ruhe ist bei den Beteiligten und Nichtbeteiligten nicht wesentlich unterschieden. Dafür bestehen jedoch beachtliche Unterschiede im Verlauf der systolischen Blutdruckkurve während des Schellongversuches zwischen den an den Bundesjugendspielen beteiligten und nichtbeteiligten Jugendlichen. Bei den Nichtbeteiligten ist ein hoher Kurvenverlauf, also oberhalb von Perzentil 80 (P 80) häufiger. Statistisch erweisen sich diese Unterschiede jedoch nicht als signifikant.

Tabelle 52. Durchschnittliches Amplitudenfrequenzprodukt während des Schellongversuches

Erfaßte	Beteiligte 177 Buben	Beteiligte 170 Mädchen	Nichtbeteiligte 7 Buben	Nichtbeteiligte 23 Mädchen
Durchschnittliches Amplitudenfrequenzprodukt nach 5 min Ruhe	2011,49	1999,18	2098,50	2017,17
Sigma	4,5	13,7	216	35,2
Durchschnittliches Amplitudenfrequenzprodukt nach 4 min Stehen	1742,93	1713,35	2365,00	1728,47
Sigma	8,1	15,0	98,2	42,7
Durchschnittliches AFP nach 8 min Stehen	1674,18	1795,94	1918,59	1607,60
Sigma	14,6	8,4	85,1	57,5
Durchschnittliches AFP nach dosierter Belastung	365,35	4548,67	4362,85	5104,34
Sigma	27,9	31	181	121
Durchschnittliche Dauer der Rückkehr der Pulsfrequenz zum Ruhewert	1,92 **	2,45 **	1,71	3,26
Sigma	0,110	0,142	0,285	0,45

Das Produkt zwischen der Blutdruckamplitude und der Pulszahl als Index für die Beanspruchung des Herzens zeigt bei den Beteiligten und Unbeteiligten in Ruhe gleiche Werte. Nach Belastung durch Stehen oder Treppensteigen liegen sie bei den nichtbeteiligten Knaben als Zeichen geringer Kompensation durchweg höher. Nur bei den Mädchen läßt die enorme Streuung des Ruhe-,

4-min- und 8-min-Stehwertes keinen Unterschied erkennen. Erst bei der Belastung durch Treppensteigen zeigt sich der wesentlich höhere Wert der Nichtteilnehmer. Die Erholungszeit ist nur bei den nichtbeteiligten Mädchen verlängert. Bezüglich der großen Unterschiede zwischen Knaben und Mädchen überhaupt sei auf Kapitel II 19 verwiesen.

Dieser Unterschied im Kreislaufverhalten der Beteiligten und Nichtbeteiligten an den Jugendspielen ist nicht überraschend. Er offenbart ein reziprokes Verhalten, bei dem die Frage der Kausalität offen bleibt. Verzichten die Jugendlichen auf den Sport, weil sie kreislauflabiler sind, oder sind sie dies mangels sportlicher Übung? Statistisch kann das nicht entschieden werden. Der Sportarzt neigt zu letzterer Annahme.

Die in der Fehlertabelle noch verbleibenden Abschnitte 21—24 mit Lungen-. Magen-, Darm-, Urogenitalerkrankungen und Störungen des Nervensystems zeigen keinerlei Unterschiede zwischen Teilnehmern und Nichtleinehmern.

Die funktionellen Beeinträchtigungen der nichtbeteiligten Gruppen erscheinen dagegen schon auf den ersten Blick häufiger. Ein Häufigkeitsunterschied ausreichender Signifikanz ergibt sich bei den *vorübergehenden Beeinträchtigungen; sie sind in der Gruppe der Nichtbeteiligten etwa 6mal so häufig.*

Der Krankheitsbericht ergibt wohl prozentual bei den Nichtbeteiligten eine größere Anfälligkeit für Infekte; diese Tatsache ist aber statistisch nicht zu sichern.

Tabelle 53. Funktionelle Beeinträchtigungen

	354 Beteiligte	30 Nichtbeteiligte
Belanglose kleine Schäden	23,44%	30,00%
Vorübergehende Beeinträchtigung	3,39% *	23,33% *
Dauernde Beeinträchtigung (gering, anlagebedingt)	4,23%	13,33%
Dauernde Beeinträchtigung (gering, erworben)	1,13%	
Dauernde Beeinträchtigung (schwer, anlagebedingt)	0,28%	

Tabelle 54. Krankheitsbericht im Jahre 1959

	354 Beteiligte	30 Nichtbeteiligte
Unbedeutende Infekte	16,95%	30,00%
Meldepflichtige Krankheiten	0,28%	
Nichtmeldepflichtige Krankheiten und Operationen	13,84%	16,66%
Unfälle	0,84%	

B. Die Unterschiede in der seelischen Struktur zwischen den an den Bundesjugendspielen Beteiligten und Nichtbeteiligten

Hinsichtlich des Intelligenzquotienten, der Antriebs-, Stimmungs-, Anregbarkeits- und Mitschwingungsqualitäten ergibt sich kein signifikanter Unterschied zwischen den an den Bundesjugendspielen Beteiligten und Nichtbeteiligten. Wir bringen deshalb nur die Zahlen für den Intelligenztest.

Tabelle 55. Höchstpunktzahl im Intelligenztest

	Beteiligte		Nichtbeteiligte	
	180 Buben	174 Mädchen	7 Buben	23 Mädchen
Durchschnittlicher Intelligenzqotient	91,63 ***	82,40 ***	99,57 **	79,26 **
Sigma	1,62	0,69	6,2	3,5

Die Angepaßtheit, also die Regulierung des Verhaltens in bezug auf die jeweils gegebene Situation *ist bei den an den Bundesjugendspielen Nichtbeteiligten deutlich geringer ausgeprägt* als bei den Beteiligten (Unterschied ausreichender Signifikanz). Entweder ist bei den Nichtbeteiligten die aktive Introversion oder die Hemmung und Unsicherheit des Selbstgefühls stärker verbreitet.

Tabelle 56. Zusammengefaßte Angepaßtheitsqualitäten

	354 Beteiligte	30 Nichtbeteiligte
Geringe Angepaßtheit	16,95 %*	40,01 %*
Deutliche Angepaßtheit	44,64 %	46,67 %
Ausgeprägte Angepaßtheit	38,41 %*	13,33 %*

Hinsichtlich der Differenzierung, der Reichhaltigkeit und Durchgestaltung der Triebkräfte und Fähigkeiten erscheint die Gruppe der Nichtbeteiligten deutlich den Beteiligten überlegen (ausreichend signifikanter Unterschied). Gute Entfaltung und Ansprechbarkeit haben wir auch schon bei der Besprechung der seelischen Qualitäten der verschiedenen sportlichen Leistungsgruppen bei einem Teil der schlechten sportlichen Gruppe bemerkt. Entweder ist ein Teil der Nichtbeteiligten ausgesprochen psychisch reifer als die an den Bundesjugendspielen Beteiligten oder die vermehrte Introversion dieser Gruppe hat zu besserer Übersicht, Kombinations- und Gestaltungskraft geführt. Hierzu wird auf Tabelle 47 verwiesen, wonach der Pubertätshöhepunkt bei den Nichtbeteiligten etwas früher liegt.

Tabelle 57. Zusammengefaßte Differenzierungsqualitäten

	354 Beteiligte	30 Nichtbeteiligte
Mangelnde Entfaltung und Ansprechbarkeit	55,93 %	33,33 %
Genügende Entfaltung und Ansprechbarkeit	35,60 %	40,01 %
Gute Entfaltung und Ansprechbarkeit	8,47 %*	26,66 %*

Auch Steuerung und Verfestigung sowie die Schulnoten zeigen keinen signifikanten Unterschied zwischen den an den Bundesjugendspielen Beteiligten und Nichtbeteiligten.

C. Die Unterschiede in der sozialen Struktur zwischen an den Bundesjugendspielen Beteiligten und Nichtbeteiligten

Die soziale Struktur erweist sich im allgemeinen nicht als meßbarer Faktor für eine Beteiligung oder Nichtbeteiligung an den Bundesjugendspielen.

Aus allen sorgfältig durchgeführten Analysen lassen sich keinerlei signifikante oder auch nur andeutende Hinweise ermitteln.

VI. Zusammenfassung

A. Faktoren, die im Ausschulungsalter mit verschiedengradiger Wahrscheinlichkeit leistungsfördernd oder leistungsmindernd wirken

Es ist das Hauptanliegen dieser Schrift, dem Schularzt, Sportarzt und Sportlehrer die statistisch gesicherten Faktoren aufzuzeigen, die für die sportliche Leistungsfähigkeit Jugendlicher von Bedeutung sind. Die Ergebnisse sollen der schul- und sportärztlichen Untersuchung sowie der Beobachtungsweise des Sportlehrers neue Akzente verleihen.

Die Beurteilung des Gesundheitzustandes und des Leistungsstandes des Jugendlichen muß sich auf eine genaue *Anamnese* stützen, die auch geringe überstandene Infekte und Wurmfortsatzentfernungen beachten muß.

Die *Körpermessung*, also die Bestimmung der Körpergröße und des Körpergewichts, darf auch in Zukunft nicht vernachlässigt werden. Die Behauptung, daß die Körpergröße für die Sporttüchtigkeit nicht von Belang ist, trifft für die männlichen Jugendlichen des Ausschulungsalters nicht zu. Ergänzend zur Bestimmung des Körpergewichts sollte die Messung des Arm- und Bauchfettpolsters treten, da diese Größen in deutlicherem Zusammenhang mit der körperlichen Leistungsfähigkeit stehen als das Körpergewicht.

Die Bestimmung des *Entwicklungszustandes* muß sich der Körpermessung anschließen, da Entwicklungsbeginn und Entwicklungstempo großen Einfluß auf den sportlichen Leistungsstandard der männlichen Jugendlichen haben.

Die bisher wenig beachteten *Störungen der Gesamtentwicklung*, die Stigmata, sind bei ihrem gehäuften Auftreten im Untersuchungsbefund zu vermerken, da die sportliche Leistungsfähigkeit mit großer Wahrscheinlichkeit teilweise von ihnen eingeschränkt wird.

Die *Konstitutionsdiagnose* erfüllt die in sie gesetzten Erwartungen, wenn sie auf exakten Messungen beruht. Auch die *Haltungsdiagnose* und die Feststellung schwerer Fußschäden geben nach wie vor einen Hinweis auf die zu erwartende körperliche Leistungsfähigkeit.

Die sportärztliche Untersuchung der Kopforgane sollte sich auch auf die überstandenen Entzündungen und operativ behandelten Wucherungen der Gaumen- und Rachenmandeln erstrecken.

Die negative Kritik, die die einfachen *Kreislauffunktionsprüfungen* teilweise in der Literatur erfahren, ist unberechtigt. Die leicht zu errechnenden Amplitudenfrequenzprodukte nach 5 Min. Ruhe, nach 4 Min. und 8 Min. Stehen und nach dosierter Belastung erwiesen sich ebenso wie das Pulsfrequenzverhalten und das systolische Blutdruckverhalten als brauchbare Kriterien für eine Prognose der körperlichen Leistungsfähigkeit.

Die Bestimmung der *Vitalkapazität* als der am leichtesten zu ermittelnden Atemgröße ist bei männlichen Jugendlichen immer noch sinnvoll, da bei ihnen Beziehungen zwischen Vitalkapazität und Leistung bestehen.

Die Untersuchung des *Nervensystems und der Psyche* muß danach trachten, gehäufte Kinderfehler und die wichtigsten Verhaltensweisen des Jugendlichen zu erfassen. Die Mithilfe der Eltern und Lehrer sowie häufige, in regelmäßigen Abständen vom gleichen Arzt vorgenommene Untersuchungen sind notwendig, um neben den „Kinderfehlern" die wichtigsten, auch die sportliche Leistungsfähigkeit regulierenden psychischen Faktoren, wie den Antrieb, die Anregbarkeit, die Angepaßtheit, die Steuerung und Differenzierung wenigstens grob in ihrer Qualität und Quantität zu erfassen.

Das *soziale Milieu* und seine Wirksamkeit auf die sportliche Leistungsfähigkeit kann durch Fragen nach der Herkunft der Familie, dem Beruf der Eltern und deren Stellung im Beruf einigermaßen ausreichend charakterisiert werden.

Tabelle 58. Leistungsfördernde und leistungsmindernde Faktoren für männliche und weibliche Jugendliche

Leistungsfördernde	*Leistungsmindernde*
Athletischer Konstitutionstyp	Überdurchschnittliches Arm-u. Bauchfettpolster
Kleines Amplitudenfrequenzprodukt nach 8 Minuten Stehen	Gehäufte Kinderfehler
Kleines Amplitudenfrequenzprodukt nach dosierter Belastung	Überstandene Infekte
	Mehrfache Stigmen
	Rundrückige, schlechte Haltung
	Fußschäden
	Behandelte u. nichtbehandelte Wucherungen u. Entzündungen der Gaumen u. Rachenmandeln
	Vorwiegend funktionelle Herz- u. Kreislaufstörungen

Leistungsfördernde	*Leistungsmindernde*
	Blutdrucksteigerung
	Überstandene Wurmfortsatzentfernungen
Lebhafter Antrieb	Schwacher bis mäßiger Antrieb
Gesteigerte Ansprechbarkeit u. Reaktion	Mittelmäßige Anregbarkeit u. Reaktion
Gewandheit, Umstellungsfähigkeit	Unbekümmertheit, Sorglosigkeit, Ausgelassenheit
Genügende Ausdauer und Beherrschung	Mangelnde Ausdauer u. Beherrschung
Genügende Entfaltung und Ansprechbarkeit	Gute u. mangelnde Entfaltung u. Anspiechbarkeit
Angestelltenberuf des Vaters	Industrieller und handwerklicher Beruf des Vaters
Nichteinheimische Herkunft	

Tabelle 59. Leistungsfördernde und leistungsmindernde Faktoren speziell für männliche Jugendliche

Leistungsfördernd	*Leistungsmindernd*
Überdurchschnittliche Körpergröße	
Überdurchschnittliche Vitalkapazität	
Frühes Wachstumsgipfelalter	
Früher Umschlag von der 1.–2. Pubertätsphase	
Niedrige Pulsfrequenz nach 5 Minuten Ruhe	
Relativ hoher systolischer Blutdruck nach 5 Minuten Ruhe	
Größeres Amplitudenfrequenzprodukt nach 5 Minuten Ruhe	

Tabelle 60. Leistungsfördernde und leistungsmindernde Faktoren speziell für weibliche Jugendliche

Leistungsfördernd	*Leistungsmindernd*
Kleines Amplitudenfrequenzprodukt nach 4 Minuten Stehen	Höhere Pulsfrequenz nach 5 Minuten Ruhe

Tabelle 61. Leistungsfördernde und leistungsmindernde geschlechtsgebundene Faktoren für weibliche Jugendliche

Leistungsfördernd	*Leistungsmindernd*
Allgemeiner Entwicklungsvorsprung	Relativ großes Amplitudenfrequenzprodukt nach dosierter Belastung
	Verzögerte Ruhepulsfrequenzwiederkehr
	Dickes Arm- und Bauchfettpolster
	Niedrigere Vitalkapazität

B. Faktoren, die im Ausschulungsalter mit verschiedengradiger Wahrscheinlichkeit die Freude am Wettkampf fördern oder mindern

Die Beurteilung und Beratung Jugendlicher, die um eine Befreiung vom Schulturnen nachsuchen oder wenig Freude am sportlichen Wettkampf zeigen, erfordert neben der Beachtung aller erwähnten Gesichtspunkte die besondere Berücksichtigung einer eventuellen vorübergehenden funktionellen Beeinträchtigung und des sozialen Milieus.

Tabelle 62. Wettkampffreudefördernde oder -mindernde Faktoren für männliche und weibliche Jugendliche

Fördernd	*Mindernd*
	Hohe Ruhepulsfrequenz
	Hohes Amplitudenfrequenzprodukt nach dosierter Belastung
	Gehäufte Fußschäden
	Vorübergehende funktionelle Beeinträchtigung

Fördernd	*Mindernd*
Ausgeprägte Angepaßtheit	Geringe Angepaßtheit
Mangelnde bis genügende Entfaltung und Ansprechbarkeit	Gute Entfaltung und Ansprechbarkeit
	Vaterlosigkeit
Haushalts- und Gesundheits- und Volkspflegeberuf der Mutter	Geistes- und Kunstberuf der Mutter
	Angestelltenstellung der Mutter
Hilfsarbeiterin und Putzfrauenstellung der Mutter	

Tabelle 63. Wettkampffördernde oder -mindernde Faktoren speziell für männliche oder weibliche Jugendliche

Fördernd	*Mindernd*
für männliche Jugendliche	
	Hohes Amplitudenfrequenzprodukt nach 4 Minuten Stehen
	Hohes Amplitudenfrequenzprodukt nach 8 Minuten Stehen
	Überdurchschnittlich früher Umschlag von der 1.–2. Pubertätsphase
	Überdurchschnittlich frühes Wachstumsgipfelalter
für weibliche Jugendliche	
	Überdurchschnittliches Armfettpolster

Der Verfasser hofft, daß die Ergebnisse seiner Untersuchungen dazu beitragen, den sportlich leistungsschwachen Jugendlichen hinsichtlich der entscheidenden Mängel für sein Versagen klarer zu beurteilen. Dadurch wird es in vielen Fällen möglich sein, die Entwicklung Leistungsschwacher auf bestimmten Gebieten nachdrücklich zu fördern, funktionelle Störungen zu beheben und einen Ausgleich von Schäden rechtzeitig, das heißt vor dem Eintritt in das späte Jugendalter und Erwachsenenalter herbeizuführen.

Literatur

A 1 *Astrand:* Sport, Alter und Geschlecht, Sportmedizinische Schriftenreihe, Wander 1957.

A 2 *Alberts:* Beobachtungen bei Schulkinderuntersuchungen in den letzten 6 Jahren, Münch. Med. Wchschr. Nr. 27.

A 3 *Anthony:* Funktionsprüfung der Atmung, Barth Leipzig 1939.

A 4 *Arnold:* Ärztliche Grundlagen der Schulturnbefreiung, Joh. Ambrosius Barth, Leipzig 1955.

A 5 Derselbe: Lehrbuch der Sportmedizin, München, Barth 56.

A 6 *Attinger:* Atmung und Atmungsarbeit, Dtsch. Med. Wchschr. 3 (1961).

A 7 *Aubry:* Zur Entstehung von Knick- und Spreizfuß, Ärztl. Praxis Jahrg. VI Nr. 39 1954.

B 1 *Bach:* Grundlagen für eine Punktbewertung sportlicher Leistungen Jugendlicher, Leibesübungen H. 4, 1953.

B 2 Derselbe: Ergebnisse von Massenuntersuchungen über die sportliche Leistungsfähigkeit und des Wachstums bei Jugendlichen in Bayern, Wilhelm Limpert Verlag Frankfurt/M.

B 3 Derselbe: Die Leistungsentwicklung im Sport, Leibeserziehung H. 11, S. 269, 1955.

B 4 Derselbe: Körperliche Entwicklung und sportliche Leistungsfähigkeit, Tries-Verlag Freiburg 1956.

B 5 *Balke:* Optimale körperliche Leistungsfähigkeit, Arbeitsphysiologie 15, 311, (1954).

B 6 *Bausenwein-Plank:* Jugendsport, Frauensport, Rehabilitation, Vortrag Kongreß Nürnberg 1959.

B 7 *Bessel:* Untersuchungen über Haltungsfehler, vorgenommen an Hamburger Schülern im Alter von 10 – 15 Jahren, Hamb. Med. F. Diss. 58.

B 8 *Binder:* Über die Streubreite körperlicher Entwicklung bei sog. Hilfsschülern, Dtsch. Gesundheitswesen 10, 1955.

B 9 *Birjokowa:* Das Studium der typol. Besonderheit des Menschen unter der Bedingung der sportl. Betätigung, Theor. Praxis. Körperkultur 460, 1955.

B 10 *Böhlau:* Prüfung der körperlichen Leistungsfähigkeit, Georg Thieme Leipzig 1955.

B 11 *Bönig:* Entwicklungstendenzen im Arbeitsschutz, Zentralbl. Verkehrsmedizin 3, 1, 1957.

B 12 *Boger:* Ein Beitrag zu der Turnbefreiung in der Schule, Sportmedizin G 137, 1955.

B 13 *Brinkmann:* Gutachterliche Überlegungen zum Problem der Befreiung vom Schulturnen, Vortrag II Sportärztetag Weimar 1955.

B 14 *Busemann:* Krisenjahre im Ablauf der menschlichen Jugend, Alois Henn, Ratingen, Rheinland 53/59.

B 15 *Böhlau:* Grippe und Leistungsfähigkeit, Med. Klin. Nr. 19, 1959.

C 1 *Coerper, Hagen, Thomae:* Deutsche Nachkriegskinder, Georg Thieme, Stuttgart 1954.

C 2 *Curtius:* Konstitutionslehre, Springer 54.

C 3 *Czuber:* Die statistischen Forschungsmethoden, Wien 1925.

D 1 *Daeves:* Rationalisierung durch Großzahlforschung 1952.

D 2 *Delius:* Welche Bedeutung hat die sog. hypotone Form der Regulationsstörung im Schellongschen Test? Dtsch. Med. Wschr. 80, 231, 1955.

D 3 *Dennig:* Lehrbuch der inneren Medizin, Georg Thieme, Stuttgart 1950.

D 4 *Dittrich:* Die Atembewegungen der Norm und Fehlformen, Enke, Stuttgart 1937.

D 5 *Düntzer:* Die Frau und der Sport, Sportmedizin 7, 1956.

E 1 *Ell:* Die psychologischen Bereitschaften der Kinder und Jugendlichen für Sport und Leibesübungen, Sportmedizin VI, 1958.
E 2 *Enke:* Die Psychomotorik der Konstitutionstypen, Joh. Ambros. Barth, Leipzig 1930.
E 3 *Elsner u. Jähnig:* Zum Problem des Wollens im Hinblick auf die sportliche Leistung, Theorie und Praxis der Körperkultur 4, 1955.
F 1 *Fanconi:* Über Störungen der Pubertät, Dtsch. Med. Wschr. 80, 337, 1955.
F 2 *Forcher-Mayr:* Kontraindikationen von Seiten des Kreislaufs gegen die Sportfähigkeit im Reifealter, Med. Klinik 50, 280, 1955.
F 3 *Freund:* Entwicklungswandel der Jugendlichen, Paracelsus, Stuttgart 1954.
F 4 Derselbe: Psychische Akzeleration, Leibeserziehung 1, 1955.
F 5 Derselbe: Akzeleration und Sport, Schweizer Zeitschr. f. Sportmedizin 3, 12, 1955.
F 6 *Fritschke:* Haltungsfehler und -schwäche bei Kindern und Jugendlichen, Volk und Wissen, Berlin 54.
F 7 *Frey:* Die sportärztliche Untersuchung, Dr. Wander, Bern 1957.
G 1 *Gerke:* Körpermaß u. Punktleistungen b. d. Jugendspielen 1953, Die Leibeserziehung 1954.
G 2 *Gerlich u. Renn:* Körperliche Enrwicklung, Leistung und Ernährung bei wachsendem Organismus, Dtsch. Sportärztekongreß Frankfurt/M., Limpert 1954.
G 3 *Göllner:* Gesundheitsatlas, Zentralinstitut f. Gesundheitserziehung, Limpert Frankfurt/M.
G 4 *Graf:* Leistungsbereitschaft als psychophysiologisches Problem, Schriftenreihe, Ardey-Verlag Dortmund 52.
G 5 *Grebe:* Die biologischen Grundlagen der sportlichen Leistungsfähigkeit, W. Limpert, Frankfurt a. M. 1956.
G 6 Derselbe: Erbe, Konstitution und sportliche Leistung in *Groh*, Sportmedizin, Enke-Verlag, Stuttgart 1962.
G 7 *Grimm:* Entwicklungsdiagnose zur Feststellung der Leistungs- und Belastungsfähigkeit im Jugendalter, in *E. Berghoff* und *E. Gersfeld*, Taschenbuch der prophyl. Medizin, K. F. Haug, Ulm.
G 8 Derselbe: Neuere Gesichtspunkte der Biotypologie im Sport, Sportmedizin 9, 231, 1958.
G 9 *Groh*: Haltungsschäden und Jugendsport, M. K. ärztliche Fortbildung 2, 94 (1961).
G 10 Derselbe: Sportmedizin, Ferdinand Enke, Stuttgart 1962.
G 11 *Grünberg:* Die Spätfolgen kriegsbedingter gesundheitlicher Schäden an Schulkindern, Vortrag Tagung Intern. Ges. f. prophylakt. Medizin, Bad Reichenhall 1955.
H 1 *Hagen:* Zur Problemstellung Methodik und Kasuistik. System. Untersuchungen über die körperliche und seelische Persönlichkeit des Kindes. Z. Gesundh. Verwaltung u. -fürsorge 1931, 5.
H 2 *Hagen, Thomae, Mansfeld, Mathey:* Jugendliche in der Berufsbewährung, Schriftenreihe aus dem Gebiet des öffentl. Gesundheitswesens, H. 7, Georg Thieme, Stuttgart 1958.
H 3 *Hasenkrüger:* Sind gute Sportler schlechte Schüler? Körpererziehung (Berlin 5, 487, 1955).
H 4 *Heiß:* Innersekretorische Drüsen und sportliche Leistungsfähigkeit. Dtsch. Sportärztekongreß Frankfurt 53, Limpert Frankfurt 54.
H 5 Derselbe: Praktische Sportmedizin, Enke 60.
H 6 *Hellbrügge, Rutenfranz, Graf:* Gesundheit und Leistungsfähigkeit im Kindes- und Jugendalter. Thiemeverlag Stuttgart 1960.
H 7 *Hellbrüge:* Vorsorgeuntersuchungen bei Jugendlichen, Deutscher Ärzte-Verlag Köln-Berlin.
H 8 *Hettinger:* Die Trainierbarkeit der menschlichen Muskulatur in Abhängigkeit von Alter und Geschlecht, Int. Zeitschr. angew. Physiologie 17, 371 (1958).
H 9 Derselbe: Muskelkraft und Trainierbarkeit der Jugendlichen, Zeitschrift Arbeitswissenschaft 12, 1958.
H 10 *Hochrein:* Leistung und Blutdruck, Ärztl. Praxis H, 17, 1954.
H 11 *Hochrein, Schleicher:* Herz- und Kreislaufkrankheiten, Darmstadt, Steinkopf 1959.

H 12 *Hoepke:* Das Muskelspiel des Menschen, Stuttgart 1957.
H 13 *Hofmeier:* Beurteilung von Herz und Kreislauf beim Kinde unter sportmedizinischen Gesichtspunkten, Vortrag II. Sportärztetag Weimar 1955.
H 14 *Hoske:* Das Problem der menschlichen Leistung, Wilh.-Limpert-Verlag, Frankfurt/M. 1953.
H 15 Derselbe: Grundfragen der Schulturnbefreiung, Sportmed. S. 134, 1955.
H 16 Derselbe: Leibesübungen und Jugendalter, Schriften zur Jugendkunde, Wilhelm-Limpert-Verlag Frankfurt a. M.
H 17 *Hammerstein:* Vom Gestaltwandel der Maternitätstetanie, Med. Klinik, H. 44, 1959.
H 18 *Heinecker:* Über die Häufigkeit kardialer Beteiligung bei Influenzakranken, Med. Klinik Nr. 10. 1959.
J 1 *Jahnel:* Leibesübungen H. 3, 1932.
J 2 *Jansen:* Die Entwicklungshemmungen der Vorpubertätszeit, Ärztl. Praxis 7, H. 13, 1955.
J 3 *Jokl:* Vergleichende Studien über die Entwicklung der körperlichen Leistungsfähigkeit bei Jungen und Mädchen, Leibeserziehung H. 1, 1952.
J 4 Derselbe: Alter und Leistung, Springer-Verlag 1954.
J 5 *Josenhans:* Über die Physiologie des Kreislaufs und der Atmung im Hinblick auf die Schulturnbefreiung, Vortrag Dtsch. Sportärztekongreß Augsburg 1955.
K 1 *Keller u. Kopf:* Unterschiede anthropol. Maße bei 4 Gruppen junger Männer mit verschiedener körperlicher Aktivität. Internat. Zschr. angewandte Physiologie 1962.
K 2 *Keul, Reindell und Rosskamm:* Trainingsauswirkungen bei Jugendlichen, Der Sportarzt, H. 9, 1961.
K 3 *Reindell u. Rosskamm:* Zur Belastbarkeit des jugendlichen Organismus. Internat. Zschr. angew. Physiol. einschl. Arbeitsphysiolog. 19, 1962.
K 4 *Kirchhoff:* Untersuchungen über Kreislaufregulation des Kindes und Jugendlichen.
K 5 *Kirchhoff, Reindell, Hauswaldt:* Untersuchung zur Beurteilung der Leistungsbreite im Reifungsalter. Zschr. f. Kinderhk. Bd. 81.
K 6 *Kirchhoff:* Lebenswandlungen der Kreislauforgane im Kindesalter, Verh. Dtsch. Ges. Kreislaufforschung.
K 7 *Kirsten:* Die körperliche Leistungsfähigkeit von Mann und Frau, München Med. Wochenschr. 94, Jahrg. 48.
K 8 *Klaus, E:* Das Sportmedizinische Schrifttum.
K 9 Derselbe: Bibliographie der Sportmedizin.
K 10 *Klaus, E.J.:* Weibliche Konstitution und Sport, Eigenverlag Münster/Westf. 1953.
K 11 *Klaus, E.J., Noack:* Frau und Sport, Thieme Verlag Stuttgart 61.
K 12 *Klaus, E.J.:* Die biologischen Grundlagen der leichtathletischen Leistung in Konstitution und Sport, Bd. 1 der Schriftenreihe des Sportärztebundes Westfalen 54, Trier/Freiburg 1954.
K 13 Derselbe: Konstitution und Sport, Trier, Freiburg 1954.
K 14 *Kloos:* Grundriß der Psychiatrie und Neurologie, Rudolph Müller und Steinicke München 1953.
K 15 *Knoll:* Leistung und Beanspruchung, Zollikofer, St. Gallen 1948.
K 16 Derselbe: Vererbte und erworbene Seitigkeit, Dtsch. Med. Wschr. 7, 9, 819, 1954.
K 17 *König:* Soziologische Medizin und Prävention, Ärztl. Mitt. 42, 1962.
K 18 *Kopf:* Konstitutionsforschung in der Sportmedizin, Ärztl. Praxis 12, 811, 1960.
K 19 *Krestnikow:* Physiologie der Körperübungen, Volk und Gesundheit, Berlin 1953.
K 20 *Kretschmer, E.:* Medizinische Psychologie, Thieme Stuttgart 1950.
K 21 Derselbe: Körperbau und Charakter, Springer 1951.
K 22 *Kretschmer, W.:* Die Neurose als Reifungsproblem, Stuttgart 1952.
K 23 *Küpfmüller u. Poklekowski:* Der Regelmechanismus willkürlicher Bewegungen, Z. Naturforschung Bd. 11b, 1–7.
L 1 *Lehmann:* Praktische Arbeitsphysiologie, Thieme Verlag Stuttgart 1953.
L 2 *Lesemann:* Vom Leistungseros und Leistungsethos, Päd. Welt, 6. Jahrg., H. 10.

L 3 *Lersch:* Kindheit und Jugend als Stadien der menschlichen Entwicklung, München 51.
L 4 *Lüderitz:* Regulationsprüfung des Kreislaufs, Nauheimer Fortbildungslehrgänge 20, 17, Steinkopf Darmstadt 1955.
L 5 *Lust-Pfaundler:* Krankheiten des Kindesalters, Urban und Schwarzenberg, München-Berlin 1950.
L 6 *Lutze und Binas:* Die Entwicklung der Arbeitsintensität im Laufe des Lebens, Psych. Rundschau 4, 99, 1953.
M 1 *Mack:* Deutsche Sportbibliographie 1957/1958.
M 2 *Mansfeld E.:* Die Wachstumsbewegung der Schuljugend. Bundesgesundheitsblatt Nr. 13, 1961.
M 3 *Mansfeld, E.:* Der körperliche Strukturwandel der Jugendlichen im 14. und 15. Lebensjahr, Der öffentliche Gesundheitsdienst 60, 6.
M 4 *Mansfeld, G.:* Kreislaufprüfungen im Schulalter unter einfachen Bedingungen, Verhandlungen der Deutschen Gesellsch. für Kreislaufforschung, 24. Tagung.
M 5 *Mansfeld, G., Lang:* Die Kreislaufregulation im Wachstumsalter, Johann Ambrosius Barth, München 1962.
M 6 *Mansfeld, E. u. G.:* Veränderungen des Kreislaufs in der Pubertät, Der öffentliche Gesundheitsdienst Nov. 1963, H. 11.
M 7 *Mehl:* Haltung. Quelle und Meyer 1956.
M 8 *Meinert:* Jugend und Sport, Sportmedizin 4. 39. 1953.
M 9 *Meissner:* Ärztliche Erfahrungen über den Volksschulsport, Sportmedizin 6, 16, 1955.
M 10 *Mellerowicz u. Lercher:* Die Beurteilung der cardialen und körperlichen Leistungsfähigkeit bei Kindern und Jugendlichen, Zeitschr. f. Kinderhk., 8, 1, 1958.
M 11 *Mellerowicz, Arnold* in: Lehrbuch der Sportmedizin, Joh. Ambr. Barth, Leipzig.
M 12 *Michaelis:* Akzeleration und Haltungsfehler, München Med. F. Diss. 1952.
M 13 *Michel:* Zur Altersabhängigkeit des 1. Teils der Schellongschen Regulationsprüfung. Zeitschr. Altersforschung 8, 275, 1955.
M 14 *Mies:* Sport und vegetatives Nervensystem, Fortschritte Med. 76, 595, 1958.
M 15 *Müller, H.:* Das Kind von heute in ärztlicher Sicht, Ärztl. Mitt. 33, 1959.
M 16 *Müller, J.:* Führt frühe körperliche Reife zu einem Hinausschieben der sittlichen und geistigen Reife? Leibesübungen 63, 1954
M 17 *Möckelmann:* Leibeserziehung und jugendliche Entwicklung, Verl. Karl Hoffmann, Schorndorf.
M 18 *Mark:* Medizinische Klinik Nr. 38, 1957.
M 19 *Mansfeld, E.:* Die Beurteilung der Reifeentwicklung im Schulalter, Der öffentliche Gesundheitsdienst, Heft 2, 1963.
N 1 *Neumann:* Sport und Persönlichkeit, Die Leibeserziehung 8, 185.
N 2 *Nitsch:* Der Gesundheitszustand unserer Kinder, Ärztliche Mitteilungen Nr. 10.
N 3 *Nöcker:* Grundriß der Biologie der Körperübungen, Sportverlag Berlin 1955.
N 4 *Nöcker, Böhlau:* Sexualdifferenzen der Leistungsfähigkeit, Arzt und Sport 4, 41, 1956.
N 5 *Neumann:* Die leibseelische Entwicklung im Jugendalter, Johann Ambrosius Barth, München 1964.
O 1 *Oehmisch:* Die Vitalkapazität bei Kindern und Jugendlichen in Abhängigkeit von Körperhöhe und Alter, Ärztl. Jugendkunde H. 9/10, 1960.
P 1 *Poepelt:* Zur Vergleichbarkeit des Mittelwertes, Zschr. Konstitutionslehre 30, 458, 1950/1951.
P 2 *Prokop:* Gibt es Sporttypen? Sportmedizin 5, 55, 1954.
P 3 Derselbe: Sportphysiologie, Verl. Dr. Wander Bern, 1957 (Sportmedizin. Schriftenreihe).
P 4 *Prokop u. Slapak:* Sport und Kreislauf, Verlag Maudrich Wien 58.
P 5 *Paschlau, R. u. G.:* Beitrag zur Frage des Verhältnisses der körperlichen Entwicklungsbeschleunigung unserer Jugend zu ihrer Leistungsfähigkeit in der Schule. Der öffentliche Gesundheitsdienst Heft 2, 1963.

R 1 *Reindell, Weyland, Klepzig:* Überlastungs- und Aufbrauchsschäden an Herz und Kreislauf, Nauheimer Fortbildungslehrgang, Steinkopf Darmstadt 1952.
R 2 *Reindell, Klepzig, Stein:* Die Sportärztliche Herz- und Kreislaufberatung, Verlag Dr. Wander, Bern 1957.
R 3 *Reindell u.a.:* Herz-, Kreislaufkrankheiten und Sport, J. A. Barth-Verlag München 1960.
R 4 *Reindell, Rosskamm, Keul, König:* Monatskurse für die ärztliche Fortbildung 2, Febr. 61 Jahrg. 11.
R 5 *Reindell, Keul, Bätzner, Rosskamm:* Ist die tägliche Turnstunde eine zwingende Notwendigkeit? Leibeserziehung H. 3, 1962.
R 6 *Reindell, Schildge, Klepzig, Kirchhoff:* Kreislaufregulation, Georg Thieme Verlag Stuttgart. 1955.
R 7 *Remplein:* Die seelische Entwicklung in der Kindheit und Reifezeit, Reinhardt München, Basel, Aufl. 63.
R 8 *Riedel:* Fehlleistung und Erziehung, Psych. Rundschau 4, 44, 1953.
R 9 *Rosskamm, Reindell, Keul:* Über die Veränderungen von Herzgröße und Leistungsfähigkeit bei unterschiedlicher Trainingsbelastung, Sportarzt, Heft 9, 1961.
R 10 *Rott:* Untersuchungen über den Haltungsverfall bei Münchener Schülern mit Röntgen-Kontrollen, München Med. F. Diss. 58.
R 11 *de Rudder:* Die Gesundheit unserer Schuljugend, Ärztl. Mitt. 40, 89, 1955.
R 12 *Rudolph:* Mensch, Zivilisation, Leibeserziehung. Die Leibeserziehung 10, 3, 1961.
R 13 *Rücker:* Sportmedizin 5, 53, 1954.
S 1 *Saller:* Über die Alteration im menschlichen Lebenslauf, Zeitschr. f. Altersforschung, Bd. 5, H. 4.
S 2 *Seybold-Brunnhuber:* Zur Frage der Strukturgemäßheit der Leibesübungen, Leibeserziehung 1954.
S 3 *Schede:* Grundlagen der körperlichen Erziehung, Ferd. Enke, Stuttgart, Aufl. 54.
S 4 *Schelsky:* Die skeptische Generation, Eugen Diederichs Verlag 1958.
S 5 *Schmidt-Voigt:* Kreislaufprobleme bei akzelerierten Jugendlichen, Vortr. 2, Kongreß Ges. Konstitutionsforschung Tübingen 51 Ref. Zeitschr. Konstitutionslehre 30, 671, 50/52
S 6 *Schmitt:* Atemheilkunst, Georg Müller, Hannover 1956.
S 7 *Schneider:* Psychologie der Jugendzeit (Charakterzüge und Fehler), Lehmann, München, 1952.
S 8 *Schultz:* Die Haltungsschäden im schulpflichtigen Alter. Erlangen, Med. Fak. Diss. 59.
S 9 *Spielvogel:* Schularzterfahrungen. Leibesübungen 120, 1954.
S 10 *Steinwachs:* Körperlich-seelische Wechselbez. in der Reifezeit, Karger, Basel.
S 11 *Steinwachs u. Damheus:* Konstitutionelle Entwicklung und Leistung in der Pubertät, Zschr. menschl. Vererbungs- u. Konstitutionslehre 31, 515, 1952/53.
S 12 *Stemmler:* Leistungen und Leistungsgrundwerte unserer Schüler, Sonderheft Körpererziehung in der Schule, Volk und Wissen, Berlin 1953.
S 13 *Stückrath:* Jugend und Sport, Sportbund Nordrhein-Westf., Amtl. Mitt. Bl. Nr. 8, 8, 1955.
T 1 *Tietz und Klaus:* Richtlinien für die Sportärztliche Untersuchung und Beratung, Georg Thieme Verlag Stuttgart.
T 2 *Thörner:* Biologie der Leibeserziehung, Bonn 1959.
T 3 *Thomae:* Fortschritte Neur. 1951, 19, 1 (Experimentelle psycholog. Diagnostik).
T 4 Derselbe: Grenzgebiete der Medizin II, 7 (1949), (Der physiognomische Test).
T 5 Derselbe: Beobachtung und Beurteilung von Kindern und Jugendlichen, Psycholog. Praxis, Karger Verlag, Basel 1954.
T 6 Derselbe: Das Problem der Konstanz und Variabilität der Eigenschaften, Handbuch der Psychologie Bd. 4, Verlag für Psychologie, Hogrefe, Göttingen.
T 7 Derselbe: Persönlichkeit, Bourier-Verlag Bonn 1955.
U 1 *Ulbrich:* Leichtathletische Punktwertung, Theorie u. Praxis der Leibesübung, Leibeserziehung H. 3, 1950.

T 8 *Tanner:* Wachstum und Reifung des Menschen. Georg Thieme Verlag, Stuttgart 1962.
V 1 *Valentin:* Gesundheitsfürsorge durch Leibesübungen im Schulalter, Gesundheitsfürsorge 52/53.
V 2 *Valentin, Venrath, Albrecht:* Der Sport und die Leistungsfähigkeit des Herzens, Sportmedizin IV. Jahrg., Jan. 53.
V 3 *v. Verschuer:* Wirksame Faktoren im Leben des Menschen, Verlag Steiner, Wiesbaden 1954.
V 4 *Vogt:* Zur Diagnostik von Wachstums- und Entwicklungsstörungen im Rahmen der ärztlichen Untersuchungen nach dem Arbeitsschutzgesetz, Ärztl. Mitteilungen 32, 1962.
W 1 *Wassiljewa:* Die physiologischen Grundlagen der Entwicklung der Sportform, Theorie und Praxis der Körperkultur 4, 1955.
W 2 *Weber:* Anlage und Übung, Psychol. Forschung 23, 287/(1957).
W 3 Derselbe: Ökonomie im Biologischen, Limpert 1957.
W 4 Derselbe: Das Kind in der Zivilisation, Dtsch. Ärzteverlag 1959.
W 5 *Winter:* Das Links-Rechts-Bewegungsphänomen, Sportmedizin 4, 126, 1953.
W 6 *Witzel:* Über Veränderungen im Körperbau und Charakter unserer heutigen Jugend, Naturheilpraxis 6, 150, 1953.
Z 1 *Zeller:* Entwicklung und Körperform der Knaben und Mädchen von 14 Jahren, Veröffentlichung a. d. Geb. d. Volksgesundheitsdienstes Bd. 52, H. 10, Berlin 1939.
Z 2 Derselbe: Konstitution und Entwicklung, Verlag der psycholog. Rundschau, Göttingen 1952.
Z 3 *Zoszschek:* Haltung, Konstitution und Ernährung bei Kindern und Erwachsenen, Sportmedizin 11/12, 1953.
Z 4 *Zuckschwerdt:* Wirbelsäule und Sport, Leibeserziehung H. 5, 1953.

GPSR Compliance

The European Union's (EU) General Product Safety Regulation (GPSR) is a set of rules that requires consumer products to be safe and our obligations to ensure this.

If you have any concerns about our products, you can contact us on ProductSafety@springernature.com

In case Publisher is established outside the EU, the EU authorized representative is:

Springer Nature Customer Service Center GmbH
Europaplatz 3
69115 Heidelberg, Germany

Batch number: 10844639

Printed by Printforce, the Netherlands